AF475589

RECHERCHES

SUR LA SURDITÉ.

PARIS. — IMPRIMERIE D'AD. MOËSSARD,
RUE FURSTEMBERG, 8.

RECHERCHES

SUR

LA SURDITÉ

CONSIDÉRÉE

SOUS LE RAPPORT DE SES CAUSES ET DE SON TRAITEMENT,

ET

NOUVELLE MÉTHODE

POUR LE

CATHÉTÉRISME DE LA TROMPE D'EUSTACHE.

Par J.-V. Gairal,

Chirurgien aide-major au 12e régiment de dragons.

PARIS,

LIBRAIRIE DES SCIENCES MEDICALES

DE JUST ROUVIER ET E. LE BOUVIER,

RUE DE L'ÉCOLE DE MÉDECINE, 8.

1836.

RECHERCHES

SUR

LA SURDITÉ.

Plus le physiologiste étudie les secrets de la nature, et plus il reconnaît combien elle est prévoyante. Chaque pas le conduit vers un nouveau sujet d'admiration; et il peut, pour ainsi dire, juger de l'importance des fonctions d'un organe par la position que cet organe occupe dans l'économie. Aussi, a-t-il observé que les organes les plus essentiels à la vie, avaient été placés de manière à être garantis des injures des corps qui nous environnent, tandis que ceux qui ne sont considérés que comme accessoires, ont été favorablement disposés pour les défendre contre les diverses attaques, ou les prévenir des fâcheuses rencontres. De là, la division des fonctions, en organiques et en celles de relation. Les organes chargés de ces dernières, ont chacun une disposition particulière qui nous fait préjuger la différence de chacune de ces fonctions, quoiqu'elles tendent toutes au même but, qui est la conservation de l'individu. En effet, la main comme organe du toucher, a été placée vers la partie moyenne du tronc, pour nous défendre contre l'action des corps extérieurs, saisir ceux qui peuvent nous être utiles, les présenter au nez et à la bouche, qui les jugent et les admettent, s'ils sont reconnus propres à la nutrition. L'œil chargé de percevoir l'influence de la lumière pour nous faire apprécier les couleurs des corps, et quelques-unes des autres propriétés physiques qui les distinguent, et de diriger nos pas pour nous porter vers tel ou tel objet, a été, comme principal conducteur, fixé à la partie la plus élevée de l'économie.

Tous ces organes, placés superficiellement, ont des relations immédiates avec les agens extérieurs, et sont, par cela même, souvent le siége de maladies qui prendraient rapidement des caractères graves, s'ils n'avaient la latitude de suspendre leurs fonctions pendant le sommeil. C'est alors que les corps environnans pourraient exercer tout leur empire; mais l'oreille toujours en action, est là pour les avertir. Aussi, sous ce rapport, l'organe de l'ouïe pourrait-il être considéré comme l'organe de la vie de relation le plus propre à la conservation de l'individu; et c'est ce qui tendrait à nous prouver que la nature l'a considéré comme tel; c'est que d'abord elle l'a profondément logé au milieu des parties les plus solides, et qu'ensuite elle lui a assigné la tâche la plus difficile à remplir: celle d'être constamment en éveil.

Par la haute fonction que remplit l'organe de l'ouïe, par l'état déplorable dans lequel sont plongés les malheureux privés de ce sens, nous sommes conduits à penser que l'art n'a dû rien négliger pour le maintenir dans sa rectitude naturelle, ou l'y ramener, en le débarrassant, le plus promptement possible, des maladies qui l'assiègent sans cesse; et cependant, ce qui est digne de remarque, c'est que le diagnostic de ces maladies, et le moyen de les combattre, sont bien loin d'atteindre le dégré d'avancement auquel ils sont susceptibles de parvenir.

C'est dans le but de faciliter en partie cet avancement que j'ai cédé aux instances des personnes qui avaient connaissance de mon appareil, et me suis décidé à le publier. Avant d'en parler, j'ai cru devoir jeter un coup-d'œil rapide sur les différentes espèces de surdité; les causes qui peuvent les produire, et le traitement qui convient à chaque espèce, réservant, pour l'article traitement, la description de mon appareil et de mes procédés opératoires, comparés à ceux qui ont été publiés jusqu'alors.

C'eût été, sans doute, ici le cas de donner une description succinte de l'anatomie de l'oreille; mais nous avons pensé devoir nous borner à en signaler les points les plus importans, par rapport au cathétérisme et autres opérations, à mesure que nous aurons occasion de parler de la forme ou de la marche de nos instrumens.

Quelques personnes me reprocheront peut-être d'avoir trop insisté, tant sur les divers instrumens que sur les différens procédés, considérant ces détails comme inutiles. J'avoue que j'aurais pu les envisager sur un point de vue plus général; mais en m'y arrêtant, j'ai eu le double but de faciliter la comparaison et les recherches que l'on désirerait faire sur cet important sujet.

La surdité est la perte totale du sens de l'ouïe (cophose), et l'on entend par ouïe dure ou difficile, sa diminution plus ou moins grande (dysécie). L'ouïe fausse consiste, tantôt dans l'audition confuse, lorsque les sons sont aigus et forts, mais facile, lorsqu'ils sont faibles (paracousie); d'autres fois dans une audition différente à chaque oreille (paracousie double).

Ces différentes surdités ont été réduites à deux dénominations; la première est la dysécie, c'est-à-dire, ouïe commençante ou dure, que l'on pourrait appeler aussi surdité incomplète; la seconde est la cophose, ouïe profonde ou nulle, qui prendrait le nom de surdité complète.

On admet cinq espèces de surdité : la première, dite héréditaire, est transmise des parens aux enfans dans l'acte de la fécondation; la seconde, que nous appelons congéniale ou de naissance, est la surdité acquise par les enfans, pendant la vie intra-utérine; la troisième est celle qui survient à la suite de quelques maladies ou de quelque accident, et qui a reçu, pour cela, le nom de surdité accidentelle; vient ensuite la surdité des vieillards, appelée surdité sénile; enfin, la surdité sera dite double ou simple, suivant qu'elle occupera les deux oreilles en même temps ou une seule.

Ces cinq divisions étant établies, nous avons pensé, pour en faciliter l'étude, devoir les envisager chacune en particulier, et c'est ce que nous avons fait.

1° *De la Surdité héréditaire.*

On doit entendre par surdité héréditaire, celle transmise des parens aux enfans dans l'acte de la fécondation. La cause appréciable, pour nous, de cette affection, est le défaut de confection de l'organe de l'ouïe. Quant à son mode de transmission, il en est ici comme pour toutes les maladies héréditaires, pour lesquelles on n'a généralement pu nous apprendre rien de positif, tant est mystérieux l'acte important de la fécondation. Nous serons conduits à penser que le sourd-muet qui s'offre à notre observation, s'il est né de parens sourds, a dû recevoir d'eux le germe de l'infirmité dont il est atteint; surtout si les conduits de l'oreille sont parfaitement libres. Mais ici se présente une grande question à résoudre, celle de savoir s'il y a, pour ce malheureux, quelque moyen de guérison. Nul ne doit être abandonné à sa triste position, qu'après que l'on sera intimement convaincu de son incurabilité; et, ne seront considérés comme incurables, que ceux chez lesquels le nerf auditif ne fait pas ses fonctions. Si l'autopsie avait fait reconnaître, dans l'appareil auditif d'un sourd-muet, quelque vice de conformation, tel que l'absence des muscles de l'ouïe ou de ses osselets, comme l'on en a signalé des exemples, ce ne serait pas une raison pour qu'un frère ou un fils, sourd-muet comme lui, dût perdre tout espoir de guérison.

On est autorisé à attribuer la surdité à un vice dans le nerf auditif, toutes les fois que le malade ne perçoit aucun son, soit qu'il se trouve immédiatement en contact avec le corps vibrant, ou non. Mais, si la chute d'un corps solide sur le plancher de la chambre que le malade habite, si la présence d'une montre entre les dents, le bruit d'un tambour, d'une cloche, etc., déterminent chez lui la sensation d'un son obscur, l'on doit concevoir quelque espoir, et chercher ailleurs que dans le nerf auditif la cause de la surdité, qui existe probablement dans la caisse, ses parois ou ses conduits.

2° *De la Surdité congéniale ou de naissance.*

La surdité congéniale est celle que les enfans contractent pendant la vie intra-utérine ou l'accouchement, ou qui peut survenir pendant les six ou huit premiers mois de la vie. Je dis qui peut survenir, parce que l'enfant qui vient de naître, peut percevoir les sons pendant un certain temps, et perdre ensuite cette faculté par une cause quelconque, sans qu'il nous ait été possible d'apprécier s'il en avait joui. Car, par le défaut du développement de l'ouïe et de la parole seulement, nous sommes à même de reconnaître que la surdité existe; et, comme les enfans ne parlent pas avant les six ou huit premiers mois, je crois qu'il est, si non impossible, du moins bien difficile de constater, avant cette époque, l'absence de l'ouïe.

La surdité congéniale reconnaît pour cause le défaut de confection de l'organe de l'ouïe, comme la surdité héréditaire; de plus, elle peut être produite par l'épaississement de la membrane du tympan, l'occlusion ou l'obstruction du canal guttural, et du conduit auditif externe. Leschevin a dit, dans sa théorie des maladies de l'oreille, que le conduit auditif externe était quelquefois trop droit, et que l'ouïe pouvait être vicié par la présence, dans ce canal, de l'air humide qui, pénétrant les tissus des membranes, augmente leur volume, et affaiblit leur ressort; de là, l'ouïe dure: 1° parce qu'en augmentant de volume, les parties du conduit diminuent son diamètre, et ne laissent entrer qu'une petite quantité de rayons sonores. 2° Parce que ces parties deviennent moins élastiques par l'humidité qui les imbibe.

3° *De la Surdité accidentelle.*

La surdité accidentelle est celle qui survient à la suite de quelque maladie ou de quelque accident. Les causes de cette espèce de surdité se rencontrent dans le conduit auditif externe, la membrane du tympan, la caisse, le canal guttural et le labyrinthe.

Le conduit auditif externe détermine la surdité, toutes les fois qu'il s'oppose à la libre introduction de l'air; ce qui a lieu quand il est oblitéré par suite de plaies ou d'ulcérations qui, en se cicatrisant, auraient uni ensemble les parois de ce canal et fermé sa cavité ; quand il est rétréci par l'épaississement des parties molles qui le revêtent, suite d'inflammations trop fréquentes, et passées à l'état chronique, ou entièrement bouché par l'accumulation d'une quantité plus ou moins grande de matière cérumineuse, le développement d'un polype, d'un fungus.

La membrane du tympan peut causer la surdité de deux manières : 1° par épaississement; 2° par relâchement.

L'épaississement est presque toujours le résultat d'inflammations qui, ayant eu leur siége dans le conduit auditif externe (otite externe), ou la caisse (otite interne) se sont communiquées jusqu'à la membrane tympanique, ont envahi le tissu cellulaire des feuillets qui la doublent en dehors et en dedans, n'ont formé qu'un tout de ces différentes parties et se sont terminées par induration ; de là, perte de son élasticité, défaut de transmission des sons, dureté de l'ouïe, et enfin, surdité. Leschevin prétend que la trop grande tension de la membrane du tambour peut amener une altération dans l'audition. Il l'attribue à de violens maux de tête, et à certaines fièvres qui tendent à la frénésie. L'audition est alors, dit-il, très exaltée, et le malade entend mieux lorsque le temps est humide.

Le relâchement de la membrane du tympan est dû souvent à une grande sécrétion de mucosités, et d'autres fois au gonflement de la membrane interne du conduit auditif, lorsque ce gonflement reconnaît pour cause l'humidité de l'air. Ce fluide retenu et raréfié dans la caisse, peut encore presser la membrane vers le conduit externe, et causer ainsi son relâchement. Mais ce défaut de tension peut aussi dépendre de l'absence de la chaîne des osselets, de la paralysie des muscles du marteau, ou de leur rupture. Il est arrivé que la membrane du tambour, enfoncée dans la caisse, diminuait sa capacité, et produisait ainsi la surdité. On lit un exemple de ce cas dans le *Dictionnaire des sciences médicales*, tome XXXVIII, page 50. La membrane muqueuse de la caisse, est souvent atteinte d'inflammation qui, se terminant par suppuration, produit assez ordinairement de grands ravages sur l'appareil de l'audition, et entraîne la perte de ce sens. Si l'inflammation passe à l'état chronique, ce qui arrive le plus fréquemment, il s'opère une sécrétion permanente dont le produit s'épaissit, se durcit, obstrue les fenêtres ronde et ovale, les cellules mastoïdiennes, la portion pierreuse du canal guttural; empêche l'air de pénétrer dans le tambour, et détermine nécessairement la surdité. Cette lésion de l'ouïe reconnaît quelquefois pour cause un épanchement de sang dans la caisse du tambour et les cellules mastoïdiennes, suite d'un coup ou d'une chute qui aurait porté directement sur l'oreille.

Valsalva cite un cas d'hydropisie de l'oreille moyenne.

L'occlusion et l'obstruction, ou le rétrécissement de la trompe d'Eustache, sont des causes fréquentes de la surdité; la première est ordinairement produite par des ulcérations qui, en se cicatrisant, opèrent l'adhésion de ses parois, ou par la compression qu'exerce sur elle le développement dans son voisinage, d'une tumeur telle que l'engorgement inflammatoire et catarrhal des amygdales et des piliers du voile du palais; les abcès de ces mêmes parties, des polypes, siégeant à la partie postérieure des narines, etc. Les deux autres résultent le plus souvent du gonflement de la membrane muqueuse, ou de l'accumulation dans son calibre du produit d'une sécrétion. Arnemam a trouvé la trompe obstruée par une matière semblable à de la craie.

De toutes les parties contenues dans le labyrinthe, considérées comme cause de surdité, le nerf auditif est la seule que nous puissions apprécier. Sa destruction par une cause quelconque est incurable. Sa paralysie ou sa compression par un épanchement dans le cerveau, n'offrent pas de grandes ressources, d'où il suit qu'il est très-rare que la surdité n'en soit pas la conséquence.

4° *De la Surdité sénile.*

On entend par surdité sénile, celle qui s'observe chez les vieillards. A un âge avancé, la membrane du tympan se dessèche, s'épaissit, s'endurcit, et même quelquefois s'ossifie. Les mucosités sécrétées en plus grande quantité, occupent le calibre de la trompe, et s'opposent à l'introduction de l'air dans la caisse; l'humeur de Cotuni diminue ainsi que l'action du nerf acoustique; de là, dureté de l'ouïe, et même souvent surdité.

5° *De la Surdité simple ou double.*

La surdité est simple toutes les fois qu'il n'y a qu'un organe d'affecté; elle est double quand ils le sont tous les deux à la fois. Les causes de cette espèce de surdité, sont les mêmes que toutes celles des surdités que nous venons de passer en revue, et elles n'en diffèrent qu'en ce qu'elles occupent tantôt une oreille et tantôt les deux en même temps.

Traitement.

Sous le point de vue thérapeutique, nous envisagerons seulement les causes de la surdité, de quelle nature qu'aient été les maladies qui les ont produites. Supposant que ces maladies ont été traitées, nous pensons qu'il ne s'agit plus que de chercher à détruire les traces fâcheuses qu'elles ont laissées. Pour mieux atteindre ce but, nous allons passer en revue chaque espèce de surdité en particulier. La surdité héréditaire et la surdité congéniale, ayant été confondues jusqu'à ce jour, beaucoup de moyens thérapeutiques ont été employés pour les guérir, mais la majeure partie ont été infructueux. L'on a eu successivement recours aux injections de toute espèce par le conduit auditif externe, aux purgatifs, aux vésicatoires, aux sétons, aux moxas, aux cautères, à l'ustion de l'apophyse mastoïde. Les injections par la trompe d'Eustache, et la perforation de la membrane du tympan, ont été, tour à tour, conseillées et rejetées.

M. Itard disait, en parlant des injections par la trompe, qu'elles ne pouvaient être utiles que dans le cas de surdité par engouement, et cette cause de surdité de naissance n'était pas, pour lui, la plus fréquente. Cependant, M. Deleau nous dit s'être servi, avec le plus grand succès, dans le traitement des sourds muets, des injections liquides par le canal guttural; mais, M. Itard ayant répété les expériences de M. Deleau, et n'ayant obtenu qu'une amélioration passagère, prétend qu'elle n'était due qu'à cette irritation passagère, résultat de l'injection, et M. Deleau confirme cette assertion par une lettre adressée à l'Académie de Médecine, en septembre 1827, dans laquelle il dit avoir reconnu lui-même, que peu de sourds-muets, à la vérité, avaient à se louer des injections par la trompe d'Eustache.

Il suit de là, que la méthode des injections par le canal guttural, ayant obtenu si peu de crédit chez deux autorités aussi recommandables, surtout celle de M. Itard, courait grand risque d'être rejetée, si nous n'avions mis tous les médecins à même de pouvoir expérimenter sur cette importante matière, en leur rendant facile le cathétérisme de la trompe d'Eustache.

Pour ce qui a rapport à la perforation de la membrane du tympan, nous verrons plus bas ce que nous apprend l'histoire de cette opération, et alors, il nous sera facile de nous convaincre combien les injections par la trompe d'Eustache, et la perforation du tambour, ont fait le sujet d'opinions diverses.

Nous ferons connaître quelle est, à cet égard, notre manière de penser, à mesure que nous indiquerons les moyens que nous croyons devoir opposer aux différentes espèces de surdité.

Surdité héréditaire.

Le traitement de cette espèce de surdité est d'autant plus difficile, que la cause en est excessivement cachée. Pour nous, considérant cette affection, seulement sous le point de vue d'un vice de confection de l'appareil auditif, cette cause étant la seule qu'il nous soit possible d'apprécier, nous pensons que la première indication à remplir, consiste à s'assurer si c'est une véritable cophose, à laquelle on a affaire; pour cela, l'on tâchera de reconnaître si le malade ne perçoit aucun son, soit par l'intermédiaire de l'air, soit par le contact des corps vibrans. Ainsi, le son d'un instrument à corde, d'un tambour, d'une cloche, etc., pourraient ne pas être apprécié, sans que pour cela la cophose existât; mais, s'il arrivait que le malade ne perçut pas les vibrations d'un corps en contact avec lui, tel que la présence d'une montre entre ses dents, la chûte d'un corps sur le plancher de la chambre où il est, alors on serait assuré qu'il y a positivement cophose. Dans le premier cas, la maladie existerait dans le conduit auditif externe, ou l'oreille moyenne et ses dépendances; tandis que dans le second, elle aurait son siége dans le labyrinthe.

On a dit que le conduit auditif externe était quelquefois trop droit, ce défaut de conformation, quoique fort rare, peut néanmoins exister, et vicier l'audition. Leschevin prétend l'avoir rencontré. Le moyen d'y remédier consiste dans l'usage d'un cornet acoustique, qui, en rassemblant les rayons sonores, en augmente la force, et supplée ainsi aux courbures du conduit. L'audition peut être diminuée par le défaut de tension de la membrane du tympan, suite inévitable de la non existence de la chaîne des osselets, ou des muscles qui les meuvent; de là perception de sons graves, bourdonnement, et le plus souvent absence totale de l'ouïe, qui ne peut être établie qu'en faisant arriver directement l'air extérieur sur la paroi interne de la caisse, par la perforation de la membrane externe, et en entretenant béante cette ouverture artificielle. L'action de l'air s'exerçant alors d'une manière immédiate, les agens chargés dans l'ordre naturel des choses, de transmettre ses ondulations, deviennent inutiles. Aussi, considérons-nous, dans ce cas, la chaîne des osselets, comme de peu d'importance, puisque la fonction dont elle était chargée n'existe plus; et si nous nous rangeons du côté des auteurs qui nous prescrivent tant de la respecter, dans la perforation du tambour, nous dirons plus bas, à quoi elle sert après cette opération. La perforation de la membrane du tympan, serait encore la seule indication à remplir dans le cas ou l'oblitération du canal guttural ne pourrait pas être vaincue.

Nous indiquerons, à l'article perforation du tympan, la manière de la pratiquer.

Si la cause de la surdité héréditaire a son siége dans le labyrinthe, nous ne pensons pas que l'art puisse en triompher. On le reconnaîtra à l'absence des causes qui auraient pû exister dans les parties en dehors de l'oreille externe, et aux signes indiqués plus haut.

Surdité congéniale.

Si la surdité de naissance est causée par un vice de confection de l'organe de l'ouïe, le traitement est le même que celui que nous venons d'indiquer pour la surdité héréditaire. Dans le cas où elle dépendrait de l'imperforation ou de l'obstruction du conduit auditif externe, ou du canal guttural, il convient d'établir la libre circulation de l'air dans ces conduits, soit en détruisant les fausses membranes qui existent à leurs orifices, soit en les débarrassant des différentes espèces de matières qui occupent leur calibre. Pour détruire la pseudo-membrane qui oblitère le conduit externe, l'on se servira de la pointe d'un bistouri, en ayant soin d'envelopper avec un petit linge le reste de la lame, surtout si la membrane à détruire, est placée un peu avant dans le conduit. Un cure-oreille servira à débarrasser ce canal des différentes matières qui peuvent l'obstruer, et si ces matières sont trop desséchées, on aura recours, au préalable, aux injections avec l'eau tiède.

S'il est facile de détruire l'occlusion et l'obstruction du conduit auditif externe, il n'en est pas de même de la trompe d'Eustache, surtout aux yeux de ceux qui se font un fantôme de l'introduction d'une sonde dans ce canal. Nous verrons, à l'article cathétérisme, que cette opération n'est plus aussi difficile qu'elle l'avait paru jusqu'à ce jour, et que l'on pourra aisément, à l'aide d'un stilet tranchant porté par une sonde, aller diviser la pseudo-membrane qui l'oblitère, ou détruire, par le moyen des injections, la matière qui l'obstrue. Il arrive quelquefois, et même assez souvent, que la surdité congéniale tient à un épaississement de la membrane du tympan qui, privée de son élasticité, ne transmet pas à la caisse les rayons sonores qu'elle perçoit; d'où dureté de l'ouïe, et même cophose. Ici, les sons ne pouvant pas parvenir par l'entremise de sa membrane, il est indispensable de les faire arriver directement en perçant cette cloison. Nous considérerons comme incurable, tout individu atteint d'un vice de conformation de l'oreille interne.

Surdité accidentelle.

Lorsque le conduit auditif externe est oblitéré par suite de plaie ou d'ulcération qui, en se cicatrisant, aurait uni ensemble les parois du canal, et fermé sa cavité, le chirurgien détruirera avec un bistouri, les adhérences de ces parois, et introduira tous les jours, une tente de charpie, enduite de cérat, jusqu'à parfaite guérison; le canal est-il rétréci par l'épaississement des parties molles qui le revêtent, un bout de grosse sonde de gomme élastique sera placé à demeure pendant un laps de temps plus ou moins long, après lequel, s'il n'y a pas d'amélioration, le malade sera obligé de porter habituellement une canule qui, par sa forme, s'accommode parfaitement à la disposition anatomique du conduit et lui conserve la faculté d'augmenter par ses courbures, l'intensité des rayons sonores. Celle que je propose, remplit ce double but. Elle a quinze lignes de long, et sa forme est celle du canal. Dans le cas où il existerait un amas de matière cérumineuse, si elle est trop desséchée, l'on pourra la ramollir par quelques injections d'eau tiède, et l'extraire ensuite, avec un cure-oreille. Le développement d'un polype, nécessitera l'arrachement et la cautérisation avec le feu, mais mieux avec un caustique; l'existence d'un fungus exige le même moyen curatif.

L'épaississement du tympan est une cause fréquente de surdité. Cette membrane ne pouvant pas vibrer sous l'influence des rayons sonores, la perforation est d'une urgente nécessité; un exemple frappant vient à l'appui de cette assertion;

P. Fransonnette, âgée de 19 ans, avait perdu l'usage libre de l'ouïe, depuis trois ans, lorsqu'elle me fût présentée, le mois de mars dernier, par mon estimable compatriote, M. le docteur Cazez. L'histoire de la maladie m'apprit que Fransonnette avait été atteinte, en 1832, d'une fièvre scarlatine, avec les complications les plus redoutables, et qu'à son entrée en convalescence, l'on s'était aperçu qu'elle était sourde, et que ses oreilles étaient le siége d'un petit écoulement. Voulant m'assurer de l'espèce de surdité à laquelle j'avais affaire, je me plaçai en face de la malade, et lui ayant parlé à voix basse, elle ne m'entendit pas; ayant alors élevé fortement la voix, elle répondit, non, sans hésitation, à la question que je lui adressai; mais il n'en fut pas de même, lorsque je voulus me placer derrière; car elle resta muette à toutes les demandes que je lui fis, quelque fût le degré d'intensité que je pusse donner à ma voix. L'expérience de la voix ne pouvant plus me suffire, j'eus recours, pour plus d'exactitude, à celle de la montre qui, placée près des pavillons des oreilles, ne fit nullement entendre son mouvement, tandis que ce mouvement était parfaitement perçu, lorsque je la mettais en contact avec les dents de la malade.

Pensant alors qu'il s'agissait d'une dysécie, sur le point d'atteindre le dégré de cophôse, j'allai à la découverte de la cause de cette affection. Pour cela, je m'assurai de l'état des conduits auditifs, externe et guttural, que je trouvai parfaitement libres. La caisse pouvant être occupée par quelque matière, je poussai une injection avec de l'eau tiède, du côté droit seulement, attendu qu'il me fût impossible de sonder le côté gauche, à cause d'un gonflement de la muqueuse qui tapisse le cornet inférieur; ce gonflement s'étendait jusqu'à l'orifice de la trompe, ce qui m'empêcha d'y entrer par le côté opposé. L'injection faite, la malade porta aussitôt la main à l'oreille, et me donna par là, une preuve certaine de l'arrivée du liquide à sa destination; l'ouïe n'en ayant éprouvé aucune amélioration, je me demandai si la concrétion supposée pourrait être assez consistante pour résister à plusieurs injections, et dans une réponse affirmative, je fis pendant deux jours, deux injections, matin et soir, sans le moindre résultat; mais quel fut mon étonnement de voir le troisième jour, la seconde injection traverser le conduit auditif externe, et venir tomber sur l'épaule de la malade, qui nous dit aussitôt que l'oreille était tout à fait débarrassée, et qu'elle entendait, ce dont nous pûmes nous assurer en tenant, à son insu, une montre à peu de distance du pavillon. Le soir, je renouvelai l'injection, et j'obtins un résultat semblable à celui du matin ; le mieux se soutint pendant quelques heures seulement. Etant resté vingt-quatre heures sans rien faire, l'ouïe reprit son premier état maladif, qui disparut bientôt sous l'influence d'une nouvelle injection. Plusieurs alternatives d'injection et de suspension m'ayant donné le même résultat que celui que je viens de signaler, voici ce que j'en conclus : l'oreille externe et moyenne avait dû être d'abord le siége d'une inflammation aiguë, à laquelle aurait nécessairement participé la membrane tympanique ; de-là, ulcération et perforation, épaisissement et perte de son élasticité, puisque les sons n'étaient plus transmis. L'inflammation de la caisse, passée à l'état chronique, la muqueuse de cette cavité devait être le siége d'une sécrétion dont le produit, venant se concréter sur l'ouverture accidentelle du tympan, empêchait les rayons sonores d'arriver directement dans le labyrinthe.

Quelle était dans ce cas l'indication à remplir? Pour nous, ce fut de combattre l'inflammation chronique de la caisse, afin de faire cesser la sécrétion morbide, et entretenir béante la perforation du tambour. A cet effet, des pédiluves sinapisés, des injections émollientes et résolutives par la trompe d'Eustache et des douches d'air, plusieurs fois par jour, furent employés avec le plus grand succès; car après six semaines de traitement, Fransonnette entendit très bien de l'oreille droite. A cette époque, l'ouverture de la membrane du tympan était telle que la colonne d'air qui la traversait, conservait assez de force dans son trajet, à travers le conduit auditif externe, pour agiter, à sa sortie, la flamme d'une chandelle.

Après de telles données, que penser de l'oreille gauche? Sans doute la membrane du tympan, trop épaisse, ne pouvait pas vibrer et transmettre les sons; peut-être était-elle perforée, et son ouverture bouchée ensuite par quelque concrétion. Au milieu de cette incertitude, je n'avais qu'un seul moyen pour m'assurer de la vérité : c'était les injections par la trompe. Je tentai donc de nouveau le cathétérisme, et je parvins à introduire la sonde, en passant par la narine du même côté. Ayant ensuite poussé une injection, la malade m'accusa aussitôt l'arrivée du liquide dans la caisse. J'insistai sur ce moyen pendant plusieurs jours, sans le moindre résultat, ce qui me conduisit à penser que de ce côté, comme de l'autre, la surdité devait dépendre de l'épaississement de la membrane du tambour, et que l'ouïe ne pourrait être rétablie si je ne pratiquais, par imitation, une ouverture atrificielle. Pour remplir cette indication, je fis faire aussitôt mon emporte-pièce qui, quoiqu'il fut grossièrement confectionné, remplit très bien le but que je me proposais. Une colonne de liquide, poussée par la trompe, traversa le conduit externe et parut au-dehors, ce qui me fit acquérir la certitude que l'opération était très bien faite. Quant aux résultats, ils furent confirmés par la perception des mouvemens d'une montre placée aussitôt près de l'oreille opérée.

Des affaires de service m'ayant fait perdre la malade de vue, j'ignore si le mieux se sera soutenu; mais je ne doute point que si j'avais pu continuer le traitement, je n'eusse obtenu un succès complet. Si le relâchement du tympan tient au gonflement de la membrane interne du conduit auditif, ayant pour cause l'humidité de l'air, l'on fera usage de fumigations astringentes; des mucosités sécrétées par la muqueuse de la caisse, s'accumulent quelquefois en assez grande quantité pour faire saillir le tympan au-dehors, et diminuer le degré de tension qui lui est nécessaire ; l'air retenu et raréfié dans le tambour, peut presser la membrane vers le conduit externe, et causer ainsi son relâchement. Dans l'un et l'autre cas, l'on fera, par la trompe d'Eustache, des injections, d'abord émollientes, pour vider la caisse, et ensuite astringentes et toniques, 1° pour redonner à la membrane le degré de tension nécessaire ; 2° pour diminuer les sécrétions morbides de la muqueuse. Si, sous l'influence de ces moyens, le relâchement persistait, il faudrait recourir à la perforation qui serait aussi indiquée dans l'absence de la chaîne des osselets ou de ses muscles, et l'usage de l'ouverture artificielle serait facilité par des douches d'air poussées par la trompe. Le relâchement peut être tel, que la colonne d'air qui traverse le conduit externe fasse saillir le tympan vers la caisse, et diminue sa capacité : dans ce cas, l'on bouchera avec de la cire, le conduit auditif externe, et l'on poussera, par la trompe, des injections fortement astringentes. Ici, comme dans presque tous les cas de relâchement, les douches d'eau de Barège, par le conduit auditif externe, pourraient être employées avantageusement ; mais il faudrait reboucher le conduit aussitôt après la douche, et si l'on n'en obtenait pas de bons résultats, on pratiquerait une ouverture artificielle sur la membrane. L'excès de tension nécessite l'usage des vapeurs émollientes dirigées sur la membrane par le conduit externe, d'un bourdonnet de coton cardé, porté habituellement dans ce canal, et de quelques injections anodines poussées par la trompe.

L'inflammation de la muqueuse du tambour porte souvent atteinte aux fonctions de l'ouïe, parce qu'il est fort rare qu'elle se termine par résolution, par suppuration, elle produit des ravages que le cercle dans lequel je me suis circonscrit, ne me permet pas de signaler ici. Aussi, me bornerai-je à considérer cette inflammation seulement à l'état chronique ; car, c'est sous cette forme, que la rencontre habituellement le médecin auriculiste. Ainsi, dans le cas de surdité, qui reconnaîtra pour cause une inflammation chronique de la caisse, l'ouïe ne pourra être rétablie qu'après que cette inflammation aura été détruite. Dans ce but, l'on rappellera une dartre, un écoulement habituel, un exutoire qui auraient disparu subitement; l'on combattra un rhume, une angine chronique, une coqueluche, un ancien coryza, etc.; l'on fera de fréquentes applications de ventouses scarifiées derrière les oreilles; l'on favorisera l'action de ces saignées par des pédiluves sinapisés, de légers purgatifs; si le tube digestif le permet, des gargarismes émolliens, et quelques injections de même nature pratiquées par la trompe. Le séton à la nuque produira de bons effets, dans le cas où la maladie résisterait trop long-temps, et après lui, on essayera de brûler quelques moxas aux environs des apophyses mastoïdes. Si, après avoir insisté, pendant un certain temps, sur ces différens moyens, l'on n'obtient pas une amélioration sensible, il faudra recourir à la perforation de la membrane du tympan.

La circonstance d'un coup, d'une chute qui auraient porté directement sur l'oreille ou à la tête, nous faisant présumer un épanchement de sang dans la caisse, l'on s'adressera d'abord aux injections par la trompe, et si elles sont insuffisantes, il faudra se frayer une voie par le conduit auditif externe. Ce dernier moyen serait indispensable dans le cas d'hydropisie de l'oreille moyenne.

Quelquefois, le canal guttural étant fermé, l'air ne peut pas parvenir dans la caisse. L'oblitération de ce canal dépend tantôt de l'adhésion de ses parois, suite d'une cicatrisation, tantôt d'une compression exercée sur elle par une tumeur, un engorgement, un abcès développés dans leur voisinage. Dans le premier cas il faut rompre les adhérences avec un stilet tranchant, conduit par la sonde à travers les fosses nasales, et cicatriser chaque paroi à part, en introduisant une mèche enduite de cérat; dans le second cas il faut enlever la tumeur s'il est possible, faire cesser l'engorgement, ouvrir les abcès, etc., et recourir en dernier ressort à la perforation du tambour. Si le conduit est occupé par des mucosités, ou autres matières, l'on fera des injections aussi long-temps qu'on le jugera nécessaire; et si l'oblitération tient à un gonflement de la muqueuse du canal, l'on emploiera l'éponge préparée, ou peut-être mieux encore, les douches d'air long-temps soutenues.

La surdité qui reconnaît pour cause la paralysie ou la faiblesse du nerf auditif, n'offre pas de grandes ressources. Dans cette circonstance, on a conseillé le galvanisme et le magnétisme minéral. Quant à l'électricité, voici ce que dit Saissy, relativement à l'emploi de ce moyen proposé par quelques physiciens : 1° L'électricité est un moyen peu efficace dans le plus grand nombre de cas; ses effets sont illusoires, momentanés. 2° Cet agent pourra avoir quelques succès dans la paralysie incomplète du nerf auditif. 3° Il sera nul dans l'obstruction de la trompe d'Eustache, de la caisse du tambour, et des cellules mastoïdiennes. 4° Dangereux, si les malades sont irritables, s'ils ont des éblouissemens, s'ils sont sujets aux saignemens du nez, aux congestions cérébrales, aux douleurs de tête.

Surdité sénile.

Chez les vieillards, l'ouïe s'affaiblit assez habituellement, et cesse même quelquefois. Cette infirmité peut être le résultat d'une maladie; mais elle n'est le plus souvent qu'une conséquence de l'âge. Si la membrane du tympan est épaissie, endurcie, ou ossifiée, la perforation est indispensable. S'il existe un amas de mucosités, ce qui arrive presque toujours, l'on pratiquera, avec l'eau tiède, des injections, auxquelles il faudra revenir souvent. La diminution de l'humeur de Cotuni et de l'action du nerf auditif, sont, à cette époque surtout, au-dessus des ressources de l'art.

Surdité double et simple.

Le traitement de cette espèce de surdité est le même que celui des autres surdités en général. Il n'en diffère qu'en ce qu'il s'applique, tantôt à une seule oreille, et tantôt aux deux en même temps : il est bon cependant de dire que, si les deux oreilles avaient besoin d'être opérées, il ne faudrait pas qu'elles le fussent toutes les deux à la fois; c'est-à-dire, que l'on attendrait la guérison de la première opérée pour opérer l'autre.

Cathétérisme de la trompe d'Eustache.

Avant de parler de mon procédé opératoire, et des instrumens dont je me sers, j'ai cru à propos de donner une courte notice historique de cette opération, ainsi que des instrumens qui ont été inventés pour l'exécuter. C'est bien, sans contredit, au maître de postes de Versailles que nous devons la première idée de porter des médicamens dans l'oreille, en passant par la trompe d'Eustache; mais la voie par laquelle il parvint dans ce canal, fit bientôt place à une autre qui fut jugée, avec raison, beaucoup plus facile. En effet, Guyot, qui est le maître de postes en question, se sonda lui-même par la bouche vers le commencement du siècle dernier, et il présenta, en 1724, à l'Académie royale de médecine de Paris, l'appareil dont il s'était servi, et qu'il avait inventé. Cet appareil était une double pompe avec un réservoir commun, mu par deux manivelles disposées en sens contraire, et menées par une roue dentée que faisait tourner un pignon; du milieu du réservoir partait un tuyau en cuir, auquel était adapté un autre tuyau en étain, recourbé, destiné à être insinué au fond de la bouche, derrière et au-desssus du voile du palais, pour être engagé dans le canal que l'on voulait injecter.

Cette manière, toute vicieuse qu'elle était, ne fut pas perdue pour la chirurgie; elle l'accueillit avec tout l'enthousiasme que peut inspirer une idée nouvelle, et quelques chirurgiens anglais essayèrent même de se l'approprier. Ainsi Cleland proposa, en 1731, une sonde flexible, en forme de cathéter, qu'il disait être de son invention, et qu'il introduisait par la bouche. L'année d'après son compatriote Wathen se joignit à lui pour présenter, à la société royale de Londres, une sonde flexible et creuse, à la faveur de laquelle ils portaient des médicamens liquides dans l'intérieur de l'oreille. A la même époque, Douglas, autre chirurgien anglais, fit beaucoup d'essais avec des sondes, qu'il disait avoir inventées; mais il ne put publier aucun succès bien constaté. Cependant,

Sabatier lui accorde l'honneur d'avoir le premier démontré, dans ses leçons d'anatomie, la manière d'injecter la trompe d'Eustache par les narines. Peu de temps après, Wathen propose seul une sonde courbe en argent, qu'il introduisait en passant par le nez; voici comment s'expriment, à ce sujet, les auteurs des commentaires de Leipsick :

Utitur autem fistulâ argentea, commune spacillum longitudine non superante apice paululum incurvato instructâ, et eburneæ seringæ tapida aqua rosarum mellita impletæ aptatâ hanc inter alam et septum nasi hoc modo ingerit, ut ejus convexa pars superiorem partem aperturæ narium respiciat, eamque usque ad orificium ellipticum protrudit : tunc illa pars septo obvertitur, ut incurvatus opax tubam facile intrare possit; quo facto aquam in eam impellitur, quæ mucum per nasum aut os, aut per utram que cavitatem eluit. Memorat aliquot surdos, hac ratione sanatos, operandi quæ methodum incone declarat (commentarii Lipsiæ, anno 1749, tome VIII, p. 147.)

Tel était, en Angleterre, l'état de la science sur ce point, lorsque, en France, Louis voulut s'assurer par lui-même s'il était possible de sonder le canal guttural de l'oreille, en passant par la bouche; et après de nombreux et vains essais, il condamna cette voie, disant qu'elle était impraticable; et Sabatier, après une suite d'expériences faites sur le cadavre, confirma ce que Louis avait avancé. Desault ne voulant pas que les ressources que pouvait offrir le cathétérisme de la trompe d'Eustache, dans le traitement des maladies de l'oreille, fussent perdues pour la thérapeutique, et ayant reconnu vicieuse la méthode par la bouche, essaya, avec succès, de lui substituer celle par les narines. Le professeur Sabatier saisit avec empressement l'heureuse idée de Desault, et inventa un syphon de quatre pouces de long, sur une ligne de diamètre; les six dernières lignes étaient courbées, et faisaient un angle de cent trente degrés. A l'autre extrémité, le syphon portait un écrou pour être monté sur une seringue; une petite patte, qui répondait à la concavité de l'autre bout du syphon, servait à faire connaître la situation du bec de cet instrument, lorsqu'il était introduit dans les narines.

Leschevin, dans son mémoire sur la théorie des maladies de l'oreille, couronné en 1763, dit : Il n'y a qu'un seul moyen de porter des remèdes directement dans la caisse du tambour, c'est d'y faire des injections par la trompe d'Eustache. Sa large ouverture dans le fond des narines peut permettre, sans de grandes difficultés, l'introduction de la sonde. J'ai répété plusieurs fois cette opération sur des cadavres de différens âges ; après quelques essais, je n'y ai trouvé pas plus de difficultés qu'à sonder par le nez, le canal des larmes ; je me suis servi, dans ces essais, d'un soufflet anatomique, lequel j'introduisais par le nez. (Il paraît avoir borné ses essais sur le cadavre.) Bell eut une toute autre idée de cette opération ; on a proposé, dit-il, dans l'obstruction de la trompe, d'ouvrir ce conduit avec l'extrémité d'un stylet obtus et recourbé, ou même d'y injecter avec une seringue courbe, un peu de lait et d'eau, ou tout autre fluide doux ; mais, quoique ceux qui ont une parfaite connaissance de la structure de ces parties, puissent, après s'y être fort exercés, exécuter assez facilement cette opération sur le cadavre, il n'y a guère lieu d'espérer que l'on en tire aucun avantage dans la pratique ; car, l'irritation que produit sur ces parties, même dans l'état de santé, l'extrémité d'un stylet ou d'une seringue, est si considérable, que toutes les tentatives que l'on fait pour l'introduire, sont fort incertaines, et la difficulté doit fort augmenter, quand l'extrémité du conduit est obstruée par une maladie.

Portal, dans son précis de chirurgie pratique, s'exprime ainsi : « L'on a cru pouvoir injecter la trompe, en la sondant par la bouche. Quelques chirurgiens ont cherché le moyen de perfectionner cette découverte, plusieurs ont cru y avoir réussi ; mais, malheureusement, les succès n'ont pas répondu à ce qu'ils avaient avancé, et je regarde leur tentative comme inutile. Il n'est pas possible, ajoute-t-il, d'injecter la trompe d'Eustache, soit par la bouche, soit par le nez. »

Trucy fut de l'avis de Portal, à cause, disait-il, de la conformation et de la sensibilité des parties.

Au milieu d'une telle diversité d'opinions sur le cathétérisme de la trompe d'Eustache, la possibilité d'une pareille opération serait encore un problême, sans les travaux de Boyer, et surtout, sans ceux de MM. Itard et Deleau, qui l'ont pratiquée dans différentes circonstances; et si elle offre encore quelques difficultés dans son exécution, cela tient plutôt à ce que ces savans qui, n'ayant plus qu'un pas à faire pour donner à leurs instrumens tout le degré de perfection possible, se sont arrêtés trop tôt, qu'à la disposition anatomique des parties. En effet, quand on considère la position du canal guttural par rapport à l'apophyse ptérigoïde, l'on voit qu'il forme derrière elle un angle presque droit; d'un autre côté, si l'on suit la sonde, traversant le plancher des fosses nasales, pour aller se placer en dedans de l'apophyse ptérigoïde, l'on remarque qu'elle fait aussi angle droit avec cette éminence; d'où il résulte que l'apophyse ptérigoïde, étant verticalement interposée à la trompe et à la sonde, il a fallu que celle-ci, pour pouvoir être engagée dans la trompe, présentât, dans une étendue donnée, une courbure de tant de degrés, à l'aide de laquelle l'obstacle pût être surmonté en le circonscrivant, et c'est ce qui a été fait.

Le professeur Boyer se servait d'un syphon de quatre pouces de long, offrant une courbure de 136 degrés, dans une étendue de six lignes. Les sondes de MM. Itard, Saissy et Deleau, présentent à peu près la même disposition, ce qui fait que ces instrumens, lorsqu'ils sont parvenus à la hauteur de l'apophyse ptérigoïde, la contournent assez pour présenter leur bec à l'orifice de la trompe, avec lequel ils peuvent se mettre en contact. Jusque là l'indication est parfaitement remplie; et si quelques mucosités obstruent l'orifice, une injection pourra facilement les détacher, pénétrer en partie dans le calibre de ce canal, et même, quelquefois, arriver jusqu'à la caisse. Mais si c'est vers le fond de la partie cartilagineuse, ou vers la portion osseuse du canal que la concrétion existe, pour peu qu'elle soit consistante, la colonne liquide ne pourra pas la dissoudre, parce qu'elle n'arrivera qu'après avoir été brisée par les parois de la trompe; car, à cause de la direction oblique de ce conduit de bas en haut, d'avant en arrière, et de dedans en dehors, il est impossible que le bec de la sonde, placé en face de son orifice buccal, lance la colonne liquide directement jusqu'au fond, ce qui ne pourrait avoir lieu, lors même que la sonde serait engagée dans une étendue d'une ou deux lignes, d'où il résulterait que la plus grande partie du liquide tomberait dans le pharinx, et l'autre parviendrait en nappe à sa destination, et ne pourrait, conséquemment, produire le moindre effet; c'est aussi ce qui arrive. Pour obvier à cet inconvénient, il faudrait enfoncer la sonde un peu avant dans la trompe. Mais sa courbure n'ayant que six lignes d'étendue, se trouve nécessairement épuisée sur l'épaisseur du cornet inférieur, et de l'apophyse ptérigoïde; et comment ensuite, avec une tige droite, contourner une autre tige qui lui est perpendiculaire? la chose est impossible; aussi arrive-t-il que, plus on cherche à engager la sonde, plus elle est déjetée en dedans, plus l'on s'enfonce dans le pharinx; de là les épithètes d'impossible ou d'extrêmement difficile, attachées au cathétérisme de la trompe d'Eustache; et l'on conçoit, en effet, que celui qui n'est pas très habitué à le pratiquer, doit difficilement réussir avec les instrumens dont on se sert, le moyen de les introduire n'étant indiqué nulle part d'une manière bien précise. Ainsi Boyer dit, en parlant de son syphon : « On le porte horisontalement dans la fosse nasale, et on lui fait parcourir toute la longueur du méat inférieur, en dirigeant la convexité en haut. Lorsqu'il est arrivé à l'extrémité postérieure du méat, au-dessus du voile du palais, on lui fait exécuter un léger mouvement de rotation, au moyen duquel son extrémité se trouve en haut et en dehors, vers l'orifice de la trompe dans lequel on l'enfonce, en poussant un peu l'instrument. » (*Traité des maladies chirurgicales*, tom. IV, page 39, quatrième édition.)

Le procédé de M. Itard consiste à porter dans la narine, qui correspond à l'oreille que l'on veut injecter, la sonde enduite de cérat, ayant la convexité de sa courbure tournée en haut, et son bec renversé sur le plancher de la cavité nasale : « Quand la sonde, dit-il, a pénétré dans le nez jusqu'au point désigné sur l'échelle, vous relevez doucement le bec de la sonde vers la paroi externe de la narine, et vous la sentez alors s'engager dans une cavité qui ne permet pas à l'instrument, tant que vous le tenez sur ce point, d'avancer ou de reculer. Au reste, cette manœuvre, quoique fort simple, exige une grande dextérité, et un tact des plus parfaits qu'on ne peut acquérir que par des essais répétés sur le cadavre.

« Quand vous avez lieu de croire que l'orifice de la trompe a reçu le bec de la sonde, vous engagez son extrémité extérieure entre les deux branches de la pince, etc. »

Les instrumens de M. Saissy, sont des tubes recourbés en forme d'*S* italique irrégulière; l'extrémité qui doit entrer dans la trompe est boutonnée, et l'autre porte un pavillon qui reçoit le syphon de la seringue; sur le côté de ce même pavillon est une petite patte ou plaque. Ces sondes ont quatre pouces de long, une ligne et quart de diamètre; trois courbures, dont la première a trois lignes et demie de sinus, et commence à l'extrémité boutonnée; cette courbure se trouve sur la même ligne que la plaque ou patte. La seconde courbure a trois lignes de sinus, elle est dirigée en bas et à gauche, dans la sonde du côté droit, et à droite dans celle du côté gauche. La troisième courbure a une ligne et quart de sinus, et est tournée à droite dans la sonde du côté droit, et à gauche dans celle du côté gauche. Ces algalies, dit-il, sont propres aux adultes et aux jeunes gens de quinze à seize ans. Il est nécessaire d'en avoir de plus petite dimension pour les enfans. Le malade étant placé sur un fauteuil, la tête légèrement portée en arrière, l'opérateur, debout et en face, tient par le pavillon, et comme une plume à écrire, l'instrument de la main droite, si c'est la trompe droite qu'il s'agit de sonder; la main gauche, ou seulement le petit doigt, posé doucement sur le front du malade, puis, il introduit doucement la sonde dans la narine, le bec dirigé en bas. Dès que la première courbure est entrée, on baisse le poignet, en enfonçant l'instrument avec beaucoup de ménagemens; lorsque la seconde courbure est engagée en totalité, l'extrémité boutonnée du cathéter est près de l'orifice de la trompe : Il faut alors faire exécuter au poignet un mouvement de rotation en dedans, en élevant un peu cette partie, et en même temps, appuyer la troisième courbure sur la cloison du nez. On doit sonder la trompe gauche avec la main gauche, en observant de faire exécuter à cette partie les mêmes mouvemens prescrits pour la droite. On est sûr d'être dans la trompe quand la plaque ou patte est dirigée verticalement en haut, quand l'algalie n'est pas vacillante, et que la liqueur injectée ressort en partie par le pavillon de l'instrument, ou semble en ressortir.

Pour sortir la sonde, il faut la tirer doucement à soi, ensuite, faire des mouvemens inverses à ceux qu'on a fait pour l'introduire.

M. Deleau se sert des sondes en gomme élastique, longues de six pouces, et ouvertes aux deux bouts. Des mandrins servent, dit-il, à leur donner une direction fixe, et un petit pavillon en argent, fait à vis, donne la facilité de faire les injections.

Les mandrins sont recourbés de six à dix lignes seulement, et doivent former, avec le reste de la sonde, un angle de cent trente ou cent trente six degrés; des cordons en soie sont destinés à fixer la sonde.

Pour pratiquer l'opération, dit l'auteur : « je fais asseoir le patient sur une chaise assez basse pour que je puisse, étant placé derrière lui, voir la figure, en lui renversant un peu la tête, avec une main placée sur l'occiput. Si c'est le côté gauche que je veux sonder, je saisis la sonde, armée de son mandrin, à deux pouces et quelques lignes de son extrémité courbée, avec le pouce et le médius de la main droite. Le doigt indicateur soutient et dirige les mouvemens de l'instrument que je porte, après l'avoir trempé dans l'huile, dans la fosse nasale, en ayant soin de diriger sa concavité du côté du plancher. Le premier mouvement, que j'exécute le plus promptement possible, sert à faire arriver la sonde jusqu'aux environs de la trompe d'Eustache, qui n'est éloignée que de deux pouces et quelques lignes de la commissure postérieure des narines ; le second mouvement m'indique que je touche le voile du palais ; le patient fait un mouvement de déglutition; enfin, par un troisième, aussi prompt que les deux premiers, j'arrive dans la trompe d'Eustache, en portant le bec de la sonde en dehors, et un peu en haut.

« Il faut, dans ce premier temps, beaucoup de dextérité acquise par l'habitude.

« Il faut éviter de heurter les parois des fosses nasales; pour cela, il faut suivre exactement leur direction, en ne s'éloignant pas trop du plancher.

« Ces divers préceptes ne sont pas aussi faciles à saisir en se servant de la sonde de M. Itard, parce que sa portion courbée, étant plus longue que celle que je donne à la mienne, on est obligé d'exécuter de plus grands et de plus nombreux mouvemens, et en même temps, de suivre plus exactement la direction du plancher des fosses nasales, le contact du métal étant aussi plus douloureux que celui de la gomme élastique, etc.

« Pour s'assurer si la sonde a pénétré dans le lieu convenable, M. Itard enfonce une bougie dans son intérieur, afin de produire de la douleur dans l'oreille interne.

« Voici comment j'évite l'emploi de cette bougie, et comment je pénètre très avant dans la trompe d'Eustache, malgré le peu de longueur que possède la portion courbée de ma sonde : c'est ce qui fait le sujet du second temps de l'opération. Après avoir pris toutes les mesures ci-devant décrites, pour pénétrer dans la trompe, je m'assure si j'y suis véritablement parvenu, en saisissant avec le pouce et l'indicateur de la même main, qui était sur le sommet de la tête du patient, l'anneau du mandrin, et tenant fixe cette partie de l'instrument, tandis qu'avec la main qui tient toujours la sonde, je pousse celle-ci dans l'intérieur du nez ; son extrémité quitte alors le mandrin, et marche en s'enfonçant dans le canal étroit du conduit guttural, autant qu'on puisse le désirer; si ce mécanisme ne s'opère pas, c'est qu'il y a obstacle dans la trompe d'Eustache, ou bien, la sonde ne s'y trouve pas engagée. On retire ensuite le mandrin, et à mesure que l'on juge que sa courbure rentre dans les fosses nasales, on le couche sur la joue du côté de l'oreille que l'on sonde, et on favorise ainsi son extraction. La sonde restée en place y est fixée par un simple nœud, fait au centre du cordon en soie, dont on lie les extrémités sur le sommet de la tête. On visse le pavillon sur la sonde, et on procède aux injections, au moyen d'une seringue longue et calibrée dans des proportions convenables.

On sent, dit-il, que cette sonde flexible, présentant cependant une résistance assez ferme, suit absolument la direction du conduit guttural sitôt qu'elle abandonne son mandrin; elle ne va pas heurter les parois délicates du canal, comme cela arrive avec une sonde métallique : Il ajoute que, pour bien opérer, il faut dans ce cas-ci, plutôt que dans le cathétérisme de la vessie, acquérir une certaine habileté, qui fait qu'on oublie toutes sortes de préceptes.

En parlant du cathétérisme par la narine opposée, il s'exprime ainsi : « Les instrumens que j'emploie sont les mêmes que ceux que j'ai décrits précédemment. Le mandrin diffère seulement dans sa forme et sa grosseur, il est construit de la manière suivante : sa longueur doit être de six pouces, comme la sonde, il faut donner huit à dix lignes de long à la portion courbée, et lui faire former avec le reste de la sonde un angle de cent à cent cinq degrés. Cet angle doit être très arrondi : il faut aussi que les trois dernières lignes de l'extrémité qui forment le bec, soient un peu recourbées du côté de la convexité de l'instrument, afin que cette portion se trouve dans la direction du conduit guttural, au moment où on lui fait franchir son orifice, et surtout quand la sonde tend à pénétrer plus avant, en retirant le mandrin de la manière qu'il est dit ci-après.

« Pour procéder à l'opération, le patient est placé sur une chaise en face d'une croisée, comme pour sonder l'oreille par la narine correspondante : l'opérateur se place en face de lui, et tient la sonde comme une plume à écrire, de la main droite, pour sonder l'oreille droite, et de la gauche, pour sonder l'oreille gauche. Il l'introduit dans la narine opposée à la trompe où il veut pénétrer, en ayant soin de détourner en haut la convexité de l'instrument; quand la sonde a pénétré à deux pouces et quelques lignes, il lui fait exécuter un mouvement de rotation, de manière que son bec se relève et se porte en dedans; lorsqu'il est à peu près horisontal, l'opérateur appuie la sonde sur la partie postérieure et inférieure de la cloison nasale, et il lui fait exécuter divers mouvemens acquis par l'habitude, pour la faire pénétrer à travers l'orifice de la trompe d'Eustache; il fixe ensuite le mandrin, en le tenant avec le pouce et l'indicateur d'une main, tandis qu'avec l'autre il enfonce la sonde dans la fosse nasale. Si celle-ci glisse de quelques lignes, sans difficulté sur le mandrin, c'est un signe qu'elle est dans une bonne direction. Pour ramener le mandrin en dehors, il faut le forcer à se redresser un peu en le tirant horisontalement, en même temps qu'on tient la sonde dans la même position, et qu'on l'empêche de suivre les mouvemens imprimés au mandrin. Pour opérer cette petite manœuvre, on est obligé d'appuyer sur le bord postérieure de la cloison nasale; cet os ne souffre pas notablement de cette compression, parce qu'on a eu soin de choisir pour mandrin un fil d'argent bien rétréci, et d'une grosseur médiocre.»

Dans les deux premiers procédés, l'on voit que non seulement l'arrivée du bec de la sonde, au bord postérieur du plancher des fosses nasales, n'est point indiqué d'une manière précise, chose indispensable, mais encore que le léger mouvement de rotation (Boyer), la hauteur à laquelle il faut relever le bec de la sonde, vers la paroi externe de la narine (Itard), n'étant limitée par aucun signe, chacun les exécute comme il l'entend, fort peu s'arrêtent en face de l'orifice de la trompe, et au lieu d'y pénétrer quand ils enfoncent la sonde, ils descendent dans le pharynx, ou vont heurter le côté interne de la base de l'apophyse ptérygoïde.

Le tube recourbé en forme d'*S* italique de M. Saissy, présente de grands inconvéniens : 1° Il en faut un pour chaque oreille, 2° il ne peut pas servir pour sonder une trompe, en passant par la narine opposée, 3° enfin, le développement de la force n'étant pas le même chez tous les individus, il faudrait une sonde pour chacun, sans quoi M. Saissy s'exposerait à commettre une erreur en disant que, lorsque la seconde courbure est engagée en totalité, l'extrémité boutonnée du cathéter est près de l'orifice de la trompe.

Quoique la sonde que nous venons de voir laisse beaucoup à désirer, nous ne devons pas moins rendre hommage à l'auteur, d'avoir bien su apprécier combien il est indispensable de bien préciser l'arrivée du bec de la sonde en face de l'orifice de la trompe, parce que c'est le moment d'exécuter le mouvement de rotation.

La méthode de M. Deleau offre-t-elle des avantages bien réels sur celle dont nous venons de signaler les points les plus importans? c'est pour nous une grande question à résoudre! Cependant, nous ne pouvons nous empêcher d'avouer que, si cette méthode obtient quelques succès, elle les doit plutôt à l'habitude qu'a l'auteur de la pratiquer, qu'à la supériorité de ses instrumens, et de son procédé opératoire, qui est on ne peut plus vague, et qui n'indique par cela même rien de positif.

M. Deleau, à l'exemple de Cléland et Vather, se sert d'une sonde flexible, qu'il dit être bien supérieure aux sondes en métal, en ce que, 1° le contact de ces dernières est plus douloureux que celui des sondes en gomme élastique; 2° la portion recourbée étant plus longue que celle qu'il donne à la sienne, on est obligé d'exécuter de plus nombreux mouvemens

Examinons d'abord ces deux points:

Pourquoi les sondes métalliques seraient-elles plus douloureuses que celles en gomme élastique, et quel est l'endroit où cette sensation de douleur, ou pour mieux dire, ce chatouillement est le plus appréciable? est-ce dans les fosses nasales, ou le conduit guttural de l'oreille?

Nous pensons que la sensation la plus difficile à supporter, est celle que détermine la sonde en traversant le plancher des fosses nasales, et arrivant sur le voile du palais; à l'appui de cette assertion, nous mettrons la tendance qu'a le patient à porter la tête en arrière. Lorsque l'algalie commence à pénétrer dans le nez, les fréquentes secousses déternuement, et de déglutition, que détermine la présence de l'instrument, sur la pituitaire et le voile du palais, phénomènes qui n'existent point lorsque ce même instrument est parvenu dans la trompe : car alors, on peut l'abandonner et le laisser quelque temps en place, sans le moindre inconvénient.

Puisque la traversée du plancher des fosses nasales est le temps de l'opération le plus difficile à supporter, voyons si, dans ce dernier cas, les sondes de gomme élastique doivent être préférées à celles en métal.

Considérant que l'une et l'autre sont en contact avec la pituitaire, par leur extrémité recourbée, le degré de pression de la part de l'opérateur n'est pas assez fort pour faire apprécier la différence de résistance, de la sonde armée de son mandrin, ou de la sonde métallique. Il n'y aurait donc que le frottement qui pût ici entrer en ligne de compte ; et envisagée sous ce point de vue, la sonde en métal devrait avoir la préférence. En effet, le frottement d'un corps est d'autant moindre, que ce corps est plus poli. Or, que remarquons nous dans ce cas ? la sonde en métal présente une extrémité boutonnée très polie; celle en gomme, coupée dans le sens de son épaisseur, offre des ruguosités très appréciables, d'où il résulte que la première doit être nécessairement plus facile à supporter que la seconde, et par cela même préférable. Quant à l'accusation faite à la courbure, elle est encore bien moins fondée que celle faite à la nature de l'instrument ; car on concevra aisément qu'il sera d'autant plus facile de circonscrire le cornet inférieur, et l'apophyse ptérygoïde, que la courbure aura plus d'étendue, et les mouvemens n'en seront pas pour cela plus nombreux. Cette circonstance de nombreux mouvemens se fait remarquer plus particulièrement avec les sondes dont se sert M. Deleau, qui, après avoir introduit l'algalie dans l'orifice de la trompe, est obligé de la faire glisser sur le mandrin, pour la faire pénétrer plus avant, ce qui ne laisse pas que d'avoir de grands inconvéniens, parce qu'il ne pourra savoir que très difficilement, dans un cas d'obstruction, le point où il doit s'arrêter, et que l'extraction du mandrin, quelque flexible qu'il soit, ne peut jamais s'opérer sans douleur. Une sonde solide est bien plus maniable qu'une sonde flexible. Mais pour ne pas perdre de vue les avantages d'une grande courbure, admettons les deux sondes introduites, et voyons ce qui se passe.

Quand la sonde flexible est dans la trompe, libre de son mandrin, l'on est obligé de l'y maintenir avec un cordon, qui, partant de son pavillon, va se fixer tout autour de la tête, d'où il suit qu'elle appuie fortement sur le cornet inférieur et l'apophyse ptérygoïde, et qu'elle exerce d'assez fortes pressions sur les parois de la trompe, par la tendance qu'elle a à se redresser ; tandis que la sonde métallique, une fois en place, n'a pas besoin d'être attachée, et que, par sa courbure, elle s'accomode à l'épaisseur du cornet et de l'apophyse, et à la direction du canal, au point de ne pas exercer la plus légère pression; et comme sa surface est aussi polie que celle de la sonde en gomme, il est facile de concevoir combien elle lui est préférable, surtout si l'on envisage la différence de leur grosseur, considérée sous le rapport de leur calibre. Ainsi, les parois de la sonde en gomme, étant bien plus épaisses que celles de la sonde en métal, celle-ci, sur une grosseur moindre, offrira un calibre beaucoup plus grand, et qui permettra de pousser une colonne liquide ou gazeuse bien plus forte, et de mouvoir dans son intérieur un mandrin, dont nous signalerons plus bas les avantages.

D'après ce que nous venons de voir, il faut se convaincre que, pour pratiquer le cathétérisme de la trompe d'Eustache, il faut un instrument qui, par sa forme, puisse s'accommoder à la disposition anatomique des parties, et dont des échelles indiquent l'étendue à laquelle il faut l'enfoncer dans les fosses nasales chez tel ou tel individu, et le degré de rotation à exécuter pour le mettre en rapport avec l'orifice de la trompe.

—Celui que je propose remplit ces diverses indications; c'est un tube à anneaux, en argent, de six pouces de long, et d'une à deux lignes de diamètre, présentant une courbure de cent quarante-cinq degrés, dans une étendue de deux pouces, et sur la surface convexe et sur le pavillon des numéros, qui indiquent la distance à parcourir, pour arriver à l'orifice postérieur des fosses nasales, et le degré de rotation à exécuter, pour présenter son bec en face de l'orifice de la trompe; la courbure qu'il offre, a pour but de circonscrire le cornet inférieur et l'apophyse ptérigoïde, quand on veut l'enfoncer dans le conduit guttural, et faciliter par là son introduction, jusqu'à la portion pierreuse. Un stylet à échelle, en baleine, est destiné à reconnaître la profondeur à laquelle l'oblitération existe, et à s'assurer si c'est dans la portion cartilagineuse ou la portion osseuse du canal qu'elle a son siège. La facilité avec laquelle ce stylet peut être mu dans la sonde, permet d'exécuter des mouvemens de va et vient, à l'aide desquels l'on pourra sans secousse, faciliter la désobstruction qui sera terminée par les injections. Une petite lame en argent, fixée à un petit manche, sert à mesurer l'intervalle qui sépare le voile du palais, des dents incisives antérieures et supérieures. L'échelle qu'il porte sur un de ses bords, est exactement en rapport avec celle que l'on remarque sur la convexité de la sonde, ce qui fait que quand on aura obtenu tel ou tel numéro, en mesurant la voûte palatine, l'on devra introduire dans les fosses nasales la sonde jusqu'au numéro correspondant; alors l'on sera parvenu à leur orifice postérieur, et l'on pourra exécuter le mouvement de rotation; la mesure est plus exacte avec cette espèce de palatomètre qu'avec la sonde, à cause des mouvemens du patient.

Manuel opératoire.

Le malade étant assis sur une chaise, la tête fixée sur la poitrine d'un aide, l'opérateur, placé en face, lui fait ouvrir la bouche, porte à plat le palatomètre jusqu'à la base du voile du palais, et s'assure du numéro qui correspond aux dents incisives antérieures et supérieures. Ensuite, prenant la sonde avec la main droite pour le côté droit, et la gauche pour le côté gauche, de manière que le pouce soit placé sur la face concave, l'indicateur et le médius sur la face convexe, près de l'échelle, la convexité tournée en haut, il l'engage dans la narine, du côté de la trompe qu'il veut sonder, et en parcourt doucement le plancher, jusqu'au numéro correspondant à celui du palatomètre, qui était en rapport avec les incisives. C'est alors seulement, qu'il est arrivé à l'orifice postérieur des fosses nasales, au-dessus du voile du palais. Ce premier temps de l'opération étant exécuté, il s'agit de présenter le bec de la sonde en face de l'orifice de la trompe pour y pénétrer. Dans ce but, l'on décrit un quart de cercle, par un léger mouvement de rotation en dehors. L'étendue de ce mouvement est limitée par l'apparition du numéro un du pavillon de la sonde, c'est-à-dire, que l'on doit cesser de tourner la sonde en dehors, si je puis m'exprimer ainsi, aussitôt que le numéro un se présente en haut, le numéro deux commençant alors à se faire apercevoir; cette manœuvre constitue le second temps de l'opération. Il est d'autant plus important de l'exécuter avec précision, que de là dépend ordinairement le succès du cathétérisme. En effet, si le mouvement de rotation n'est pas assez étendu, l'on descendra dans le pharynx, lorsque l'on voudra enfoncer la sonde, et s'il l'est trop, l'on ira frapper le côté interne de la base de l'apophyse ptérigoïde. Parvenu en face de l'orifice de la trompe, pour pénétrer dans ce canal, ce qui constitue le troisième temps de l'opération, le chirurgien enfonce avec précaution la sonde, en même temps qu'il continue la rotation, jusqu'à ce que le numéro deux puisse être vu entièrement; et s'il n'y a point d'obstacle, il pourra alors le parcourir dans toute son étendue, jusqu'à la portion osseuse.

En résumé: 1° mesurer avec le palatomètre, l'étendue de la voûte palatine; 2° enfoncer dans les fosses nasales, la sonde jusqu'au numéro indiqué; 3° exécuter le mouvement de rotation en dehors, jusqu'au numéro un du pavillon, et pénétrer dans la trompe en enfonçant doucement la sonde, en même temps que l'on continue la rotation, jusqu'au numéro deux, telles sont les conditions à remplir, pour pratiquer le cathétérisme de la trompe d'Eustache.

Il arrive quelquefois que l'algalie, engagée dans l'orifice de la trompe, ne peut pas pénétrer plus avant, ou pénètre seulement de quelques lignes, ce qui dépend des différentes causes déjà signalées; c'est alors le cas de faire usage du mandrin; à cet effet, aussitôt que la sonde rencontre un obstacle, elle est fixée avec une main tandis qu'avec l'autre, l'opérateur enfonce le stylet dans son calibre, qu'il parcourt dans toute son étendue; parvenu à l'extrémité boutonnée de la sonde, celle-ci est-elle arrêtée par un rétrécissement, le mandrin le franchira sans éprouver presque de difficultés, et pénétrera jusqu'à sa portion osseuse. Mais il n'en sera pas de même, si c'est une concrétion ou une adhérence des parois qui fait obstacle, car dans l'un et l'autre de ces deux cas, il sera aussi arrêté, et la profondeur à laquelle l'oblitération ou l'obstruction existera, sera indiquée par l'étendue de l'échelle du mandrin, qui restera en dehors du pavillon de la sonde. Ainsi les numéros étant séparés les uns des autres, par un intervalle de deux lignes, si toute l'échelle est en dehors, l'oblitération aura lieu près de l'orifice de la trompe, ou dans toute l'étendue de ce canal, dans le cas ou elle aurait procédé du dehors au dedans. Mais si les numéros, cinq, quatre, trois, etc., etc., s'engagent dans le pavillon, la profondeur de l'oblitération n'aura lieu que dans une étendue de deux, de quatre ou de six lignes, et ainsi de suite; enfin toute l'échelle est-elle engagée dans le pavill on, l'on peut être assuré que le mandrin a traversé toute la portion cartilagineuse de la trompe, et que par conséquent le siége de l'oblitération doit exister plus loin; c'est-à-dire dans la portion osseuse.

Pour porter le mandrin dans cette partie étroite du canal, et pénétrer dans la caisse, le chirurgien enfonce la sonde, jusqu'à ce que l'échelle du stylet reparaisse entièrement hors du pavillon, ensuite avec le pouce et l'indicateur de la main gauche, si c'est pour le côté droit, *et vice versa*, il la saisira par les anneaux, et la tiendra solidement fixée en bas et en dedans, près de la base de la cloison des fosses nasales. A cet effet, il prendra un point d'appui sur le front, avec les deux derniers doigts, le médius reposant sur le nez, l'indicateur et le pouce agissant sur les anneaux en sens inverse, comme si l'on voulait faire tourner la sonde en dehors et en haut, pour cela, il est nécessaire que le pouce embrasse, pour ainsi dire, l'anneau inférieur, et que l'indicateur appuie directement sur l'anneau supérieur. Le but que l'on se propose en agissant de la sorte, est de maintenir la sonde au fond de la trompe, et de faciliter l'entrée du mandrin dans la portion osseuse, en le mettant en face de son orifice; la sonde étant fixée, l'on pousse avec précaution le mandrin jusqu'au numéro deux, et l'on est dans la caisse, que l'on pourrait traverser sans de grands inconvéniens, en épuisant toute l'échelle; dans ce cas, le stylet longerait la face interne de la membrane du tympan, et passerait entre les branches de l'étrier. L'opération terminée, l'on retire d'abord le mandrin et puis la sonde, en la couchant sur la joue du même côté.

Cathétérisme par la narine opposée.

Il arrive assez souvent, que l'on ne peut pas pratiquer le cathétérisme de la trompe d'Eustache, en passant par la narine du même côté, ce qui dépend, tantôt de la présence d'un polype, ou d'un développement des cornets; d'autres fois, d'une grande déviation de la cloison, qu'il ne faut pas confondre avec une exostose du vomer. Cette espèce de tumeur est assez fréquente. Pour mon compte, je l'ai déjà rencontrée plusieurs fois, entre autres, chez un jeune militaire qui mourut à l'hôpital du Val-de-Grâce, vers la fin de septembre dernier, dans le service de M. Casimir Broussais. Ayant voulu chez ce sujet, sonder les fosses nasales, il nous fut impossible, avec M. Hyppolite Larrey de traverser le côté droit, et à l'autopsie, nous trouvâmes sur le vomer, une exostose d'une grosseur qui égalait presque la moitié d'un œuf de pigeon, coupé dans le sens de sa longueur. Cette tumeur s'étendait jusqu'au cornet inférieur, qu'elle comprimait déjà un peu, et formait ainsi une espèce de pont séparant le méat moyen du méat inférieur.

Cette pièce d'anatomie, a été conservée et présentée à MM. le membres de la commission, nommée par l'Académie de médecine, pour juger mon mémoire.

Lorsque l'on ne peut pas passer par la narine, du côté de

la trompe que l'on veut sonder, il est alors indispensable de se frayer une route par la narine opposée; dans ce but, le chirurgien, après avoir mesuré, avec le palatomètre, l'étendue de la voûte palatine, enfonce dans la fosse nasale opposée l'algalie jusqu'au numéro indiqué par le palatomètre, ensuite il exécute un mouvement de rotation en dedans, qu'il cesse aussitôt que les anneaux de la sonde sont dans une direction verticale; alors le bec de l'instrument est en face de l'orifice de la trompe, et pour l'y engager il le pousse doucement, en inclinant un peu le pavillon du côté de l'aile du nez. S'il s'agit ensuite de se servir du mandrin, l'on se conduira comme il a été dit plus haut, avec cette différence cependant que, dans le cas ou il faudrait traverser la portion osseuse du canal, l'on fixerait, avec l'indicateur et le pouce, l'extrémité libre de la sonde sur le côté interne du plancher de la narine, près de l'aile du nez, au lieu de la tenir vers la base de la cloison.

Perforation de la membrane du tympan.

On accorde à Riolan l'honneur d'avoir eu le premier l'idée de pratiquer la perforation de la membrane du tympan; mais il paraît que cette idée ne venait pas de lui. Elle lui fut suggérée par le sourd-muet dont il parle, qui acquit la faculté d'entendre en se perçant le tympan involontairement.

Vers 1744 Julien Busson, en France, et Cheselden en Angleterre, conseillèrent de percer le tambour, dans le but de débarrasser l'oreille interne des collections purulentes dont elle pouvait être le siége, et, quelque temps après, cette opération fut mise à exécution, dans un cas de surdité, par Elie, jeune maître en chirurgie, de Paris, ainsi que le fait voir le passage ci-après, rapporté par l'auteur des annales de médecine d'Altenbourg.

(*Epistolæ ad hallerum scriptæ.*)

« Est lutetiæ homo quidam Eli dictus, qui surditatem cu-

« rare audet, dum modo malum nona paralysi nervi septimi « paris oriatur, en veró ejus methodum tympanum exscin- « dit et subpositum immittit. Feci vero experimenta quædam « quæ satis benè ipsi cessarunt. »

Vinrent ensuite, Leschivin, Portal, Sabatier, Trucy etc., qui reconnurent aussi la possibilité de pratiquer l'opération qui nous occupe; mais ni les uns ni les autres n'ont indiqué rien d'assez positif, pour que l'on ait pu s'en servir comme guide.

En 1800, Astley Cooper eut le premier la gloire de faire connaître un procédé fort simple, pour percer le tympan. Ce procédé consistait à porter au fond du conduit auditif un trois quart caché dans sa canule.

Ce célèbre chirurgien rapporte quatre observations couronnées de succès.

Himly, dans son mémoire sur la perforation de la membrane du tympan, et sur les cas qui la nécessitent, revendique en sa faveur la priorité de l'invention sur Cooper. Il a pratiqué plusieurs fois la même opération, et à cet effet, il a employé une canule très tranchante en forme d'emporte-pièce.

Sassy substitua une canule de gomme élastique, à la canule en argent, dont se servit Cooper, pour porter le trois quarts au fond du conduit auditif, dans le but de perforer le tympan, et voici ce qu'il dit au sujet de cette opération. « La « perforation de la membrane du tympan ne peut convenir: « 1° que dans le cas où cette cloison est cartilagineuse ou « qu'elle est ossifiée, et que le reste de l'organe est sain; 2° « elle sera employée avec quelque succès dans l'imperforation « de la trompe d'Eustache, lorsqu'il est impossible de sur- « monter cet obstacle, lorsqu'il y a vice de conformation, un « gonflement chronique, ou un polype dans les narines; 3° « cette opération est insuffisante, lorsque la caisse est obs- « truée par des matières qui y sont épaissies, au point de ne « pouvoir s'écouler dans l'ouverture artificielle; 4° elle sera « vaine quand la surdité dépendra de la paralysie du nerf « acoustique; 5° elle le sera également dans le cas de sur-

« dité qui procède d'une affection catarrhale, ou d'une af-
« fection nerveuse ; 6° quand la surdité vient à la suite d'une « fièvre adynamique, ataxique, et que la trompe est libre, « cette opération est sans effet ; 7° enfin cette opération, les « deux premiers cas exceptés, doit être rejetée du traitement « de la surdité. »

M. Itard en parlant de la perforation du tympan dit : 1° qu'elle est véritablement indiquée dans toutes les espèces de surdité qui reconnaissent pour cause l'oblitération de la trompe, par quelque obstacle inamovible ; que cependant il ne faut pas même dans ce dernier cas, en regarder le succès infaillible, par la raison que la cause qui a entraîné cette lésion, peut en avoir déterminé de plus profondes, ou d'irréparables ;

2° que la facilité avec laquelle se referme la membrane, *est un point important qu'il ne faut pas perdre de vue ;*

3° que quant au mode d'opération, il faut préférer celui qui simplifie le plus l'opération, et la rend en quelque sorte instantanée ; comme le plus propre à prévenir le mouvement involontaire de la tête. Il ajoute :

« Je suis loin de vouloir contribuer à l'espèce d'oubli dont cette opération me paraît menacée, je pense qu'elle n'a contre elle que l'inconvénient *attaché à presque tous les remèdes employés dans les maladies de l'oreille*, l'incertitude du succès ; incertitude qui n'est point suffisante pour la faire proscrire comme inutile. »

Ce médecin distingué, se servit d'abord dans la pratique de cette opération, d'un poinçon d'écaille émoussé vers sa pointe, auquel il ne tarda pas à substituer un stylet d'acier, légèrement enflé vers sa pointe, et rougi au blanc. Dans les premiers jours du mois de juillet 1811, il perfora le tympan à Christian-Dietz, sourd-muet de naissance, et après trois semaines d'injections réitérées, ce sourd entendit. Ici, la première indication à remplir, était la perforation, et elle fut judicieusement secondée par les injections.

M. Deleau perfore le tympan, toutes les fois qu'il est conduit à penser que la surdité dépend du mauvais état de cette membrane, ou qu'il ne peut pas faire arriver l'air dans la caisse, par la trompe d'Eustache, à cause de son oblitération insurmontable. L'instrument dont il se sert, se compose d'une canule droite, dans laquelle est mu, par un ressort à double détente, une espèce d'emporte-pièce à vis.

M. Berjaut, dans sa thèse pour le doctorat, soutenue à la Faculté de Médecine de Paris, le 31 juillet 1827, se prononce formellement contre la perforation du tympan. Pour nous, bien persuadé que la membrane du tympan ne doit être considérée que comme moyen de transmission des sons, et que souvent, au lieu de les transmettre, elle s'oppose à ce qu'ils parviennent jusqu'au labyrinthe, nous pensons qu'il faut la perforer : 1° toutes les fois qu'elle a perdu la faculté de vibrer, soit parce qu'elle a acquis trop d'épaisseur, ou qu'elle s'est endurcie ou ossifiée, soit parce qu'elle n'est pas assez tendue.

2° Lorsque l'air ne peut pas parvenir dans la caisse, à cause de l'oblitération insurmontable de la trompe d'Eustache.

3° Toutes les fois que l'on sera autorisé à penser qu'il existe dans l'oreille moyenne, un épanchement, ou une collection purulente ou séreuse, qui ne pourrait se faire jour par le canal guttural.

4° Enfin, dans le cas d'oblitération insurmontable de la trompe d'Eustache, le nerf auditif étant paralysé, l'on pourra recourir à cette opération, pour agir directement sur lui.

Manuel opératoire.

De tous les instrumens qui ont été inventés pour perforer la membrane du tympan, celui de M. Deleau me paraît devoir mériter la préférence, quoiqu'il ne remplisse pas mieux que les autres les conditions voulues, puisque la pièce n'est pas emportée, et que l'ouverture est faite vers le milieu de la membrane. Quant à celui dont je me sers, je le crois bien supérieur, non seulement parce qu'il respecte la chaîne des osselets, mais parce que la canule par sa forme, s'accomodant parfaitement à la disposition du canal auditif, conduit le perforateur sur le bord inférieur de la membrane, et permet de la percer au point le plus déclive, ce qui est d'une bien haute importance, lorsqu'il s'agit de vider la caisse, soit d'un épanchement, soit d'une collection purulente; de plus, la cicatrisation de l'ouverture artificielle qu'il pratique, s'opère difficilement, par la raison que la chaîne des osselets étant intacte, fait éprouver à la membrane des degrés de tension plus ou moins variés, ce qui doit nécessairement nuire à la formation de la cicatrice, surtout si l'on considère qu'il n'y a plus de point d'appui inférieurement, puisqu'il a été détruit par l'action de l'instrument.

Ce ne sont pas seulement ces diverses considérations qui ont valu à mon perforateur la supériorité que je lui reconnais, mais encore, il faut tenir compte de la forme de la canule qui, par ses courbures, pouvant s'accommoder à celles du conduit auditif, permet, dans le cas de rétrécissement par engouement, de la porter à demeure, pendant un temps plus ou moins long, comme j'ai eu l'honneur de le dire plus haut.

Cet instrument se compose :

1° De deux canules en argent, destinées à conduire les perforateurs sur les membranes, offrant des courbures qui s'accommodent parfaitement à celles des conduits auditifs externes, et à l'une des extrémités, une petite patte marquée à la lettre D ou G, suivant que la canule appartient à l'oreille droite ou à l'oreille gauche; 2° de deux perforateurs, un pour chaque canule, monté sur une tige métallique assez flexible pour pouvoir se prêter aux courbures de la canule, et permettre d'exécuter facilement des mouvemens de va et de vient, à l'aide desquels l'on pratique la perforation; la rainure qui se remarque sur chaque tige, indique la profondeur à laquelle il faut l'enfoncer dans le manche avant d'exercer la pression avec la vis;

3° enfin, d'un petit manche droit en argent, portant à l'une de ses extrémités un bouton aplati; à l'autre, une petite ouverture par laquelle est introduite la tige du perforateur, et une vis de pression pour la maintenir. Pour pratiquer l'opération, le chirurgien introduit d'abord le perforateur dans la canule, en engageant par l'extrémité opposée à la patte, la tige la première, adapte le manche qu'il avance jusqu'à la rainure et visse. Ensuite, le malade étant assis sur une chaise, la tête fixée sur la poitrine d'un aide, de manière à bien présenter l'oreille, il introduit dans le conduit auditif, la canule cachant le perforateur, l'enfonce avec précaution jusque sur la membrane, et opère la perforation ; pour cela, il saisit avec une main le pavillon de l'oreille, et le porte en haut, tandis que, avec l'autre, tenant la canule par la plaque, il l'introduit jusqu'au fond du conduit auditif où il la tient solidement fixée, sans pousser, abandonnant le pavillon de l'oreille pour s'emparer du manche de l'instrument, il place celui-ci entre l'indicateur et le médium, le pouce étant appliqué sur le bouton, l'enfonce jusqu'à la canule, le ramène aussitôt, et l'opération est terminée.

En résumé, pour pratiquer avec mon instrument la perforation de la membrane du tympan, il faut introduire le perforateur dans la canule, adapter le manche, placer convenablement le malade, porter l'instrument au fond du conduit auditif ; l'y maintenir fixement, saisir le manche, l'enfoncer et le ramener en même temps, et enfin retirer la canule.

Douches d'air.

C'est M. Deleau qui, le premier, a eu l'idée de porter l'air dans l'oreille moyenne ; ayant remarqué que l'injection de ce fluide dans une oreille saine, ne produisait aucune sensation douloureuse, il s'en est servi comme moyen d'exploration, et ensuite comme agent thérapeutique.

L'envisageant sous le premier point de vue, il dit avoir observé, que lorsqu'on injecte dans une oreille saine, cette injection détermine un léger engourdissement, sans nuire à la faculté d'entendre, et produit un son analogue à celui d'une pluie assez forte que l'on entendrait tomber sur les feuilles des arbres. C'est ce bruit qu'il désigne par l'expression de *bruit sec de la caisse*. Mais si l'intérieur de la caisse contient un liquide purulent, l'on entend, dit-il, une espèce de gargouillement qu'il appèle *bruit muqueux;* il ajoute, que dans tous les cas de phlegmasie chronique, l'injection de l'air ne cause aucune douleur, mais qu'il n'en est pas de même dans les cas de phlegmasie aiguë.

Considérant ensuite les injections de l'air, comme agent thérapeutique, il pense, qu'en les administrant à plusieurs reprises, elles peuvent être utiles dans le cas d'otite chronique pour expulser les matières purulentes, qui sont quelquefois renfermées dans la caisse du tambour, ainsi que pour dilater la trompe d'Eustache, lorsqu'elle a été rétrécie par une phlegmasie qui est entièrement éteinte, mais à la suite de laquelle les parois de la trompe sont cependant devenues plus épaisses que dans l'état normal.

Pour pratiquer ces injections, il introduit par les fosses nasales, une sonde creuse, de gomme élastique, jusque dans la trompe d'Eustache, et ensuite, au moyen d'une pompe qui comprime l'air dans un réservoir muni d'un monomètre, il le pousse dans la sonde pour le faire arriver jusque dans la caisse.

Aux observations de M. Deleau, nous ajouterons, que si la douche d'air est soutenue pendant quelques temps, elle détermine presque toujours, une sensation de chaleur douce, assez agréable à supporter; sensation que le malade ne manque jamais d'accuser, et qui devient plus appréciable à mesure que l'on approche de la fin du traitement. De plus, nous dirons, que dans le cas de la perforation de la membrane du tympan, les douches peuvent être employées très avantageusement, parce que l'air qui traverse l'ouverture artificielle, l'agrandit, s'oppose à la formation de la cicatrice, et facilite en cela l'action de l'air extérieur. L'observation rapportée plus haut, vient à l'appui de cette assertion; en effet, l'on a vu que dans les derniers jours du traitement, l'ouverture de la membrane du tympan était telle, que la colonne d'air qui la traversait, conservait assez de force dans son trajet, à travers le conduit auditif externe, pour agiter à sa sortie, la flamme d'une chandelle.

L'appareil dont nous nous servons pour pratiquer les douches, n'est pas le même que celui de M. Deleau, attendu que ce dernier est fort cher et très difficile à transporter ; ce qui nous a conduit à essayer de lui en substituer un d'un prix peu élevé, facile à manier, et à l'aide duquel on peut injecter l'air sans exercer la moindre secousse.

Cet instrument se compose d'une grande poche en tissu élastique imperméable, terminée par un collet auquel est adapté un robinet, que reçoit la douille d'un tube très flexible, terminé par une canule de gomme élastique destinée à être introduite dans le pavillon de la sonde. Pour se servir de cette espèce de soufflet, l'opérateur l'insufle avant d'engager la sonde dans la trompe, ensuite, la sonde étant placée, il le tient sous l'aiselle entre le bras et la poitrine, introduit la canule dans le pavillon de la sonde, qu'il soutient avec une main, ouvre le robinet, et presse avec le bras. Cette manœuvre est très facile à exécuter lorsque le soufflet est entièrement vide, l'on peut le remplir de nouveau, et renouveler la douche autant de fois qu'on le jugera nécessaire.

EXPLICATION DES PLANCHES.

Tous les instrumens sont représentés dans leur grandeur naturelle, le soufflet excepté.

Fig. 1. Cette figure représente *la sonde*. A. Echelle en rapport avec celle du palatomètre. B. Anneaux placés sur les côtés de la sonde. C. Pavillon portant les nos 1 et 2, destinés à limiter le degré de rotation.

Fig. 2. *Mandrin* en baleine. A. Manche du mandrin. B. Echelle du mandrin.

Fig. 3. *Palatomètre*. A. Manche du palatomètre. B. Lame portant, sur le bord gauche, l'échelle en rapport avec celle de la convexité de la sonde. C. Face inférieure de la lame.

Fig. 4 et 4 bis. Ces deux figures montrent les *Canules* droite et gauche, à l'aide desquelles les *perforateurs* sont portés au fond des conduits auditifs externes sur les membranes tympaniques. Ces perforateurs sont ici représentés placés dans les canules. A. Point du perforateur jusque auquel doit être avancé le manche avant de le fixer avec la vis. B. Etendue du perforateur sortant de la canule pour traverser la membrane du tympan.

Fig. 5. Manche du perforateur. A. Vis de pression.

Fig. 6. *Soufflet* au tiers de l'exécution. AAA. Circonférence du soufflet. BBB. Robinet en cuivre. C. Clef du robinet. E. Tube élastique. F. Douille métallique du tube s'articulant avec le robinet. G. Canule de gomme élastique, destinée à être introduite dans le pavillon de la sonde.

Nota. Ces instrumens ont été exécutés par M. Samson, coutelier, rue de l'Ecole de Médecine.

FIN.

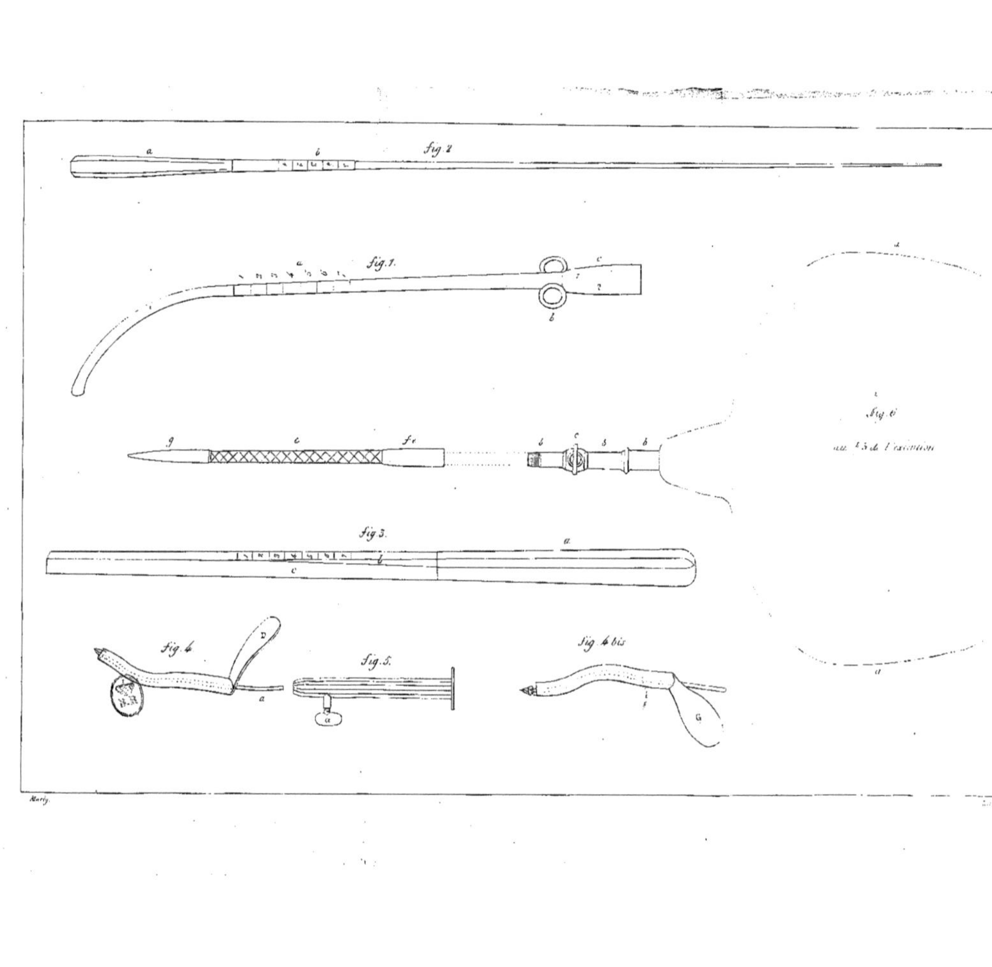
Fig. 2
a
b
Fig. 1.
a
b
c
g
e
f
Fig. 6
Fig. 3.
a
c
Fig. 4
D
a
Fig. 5.
a
Fig. 4 bis
G

Répertoire annuel de Clinique

MÉDICO-CHIRURGICALE,

OU RÉSUMÉ DE TOUT CE QUE LES JOURNAUX DE MÉDECINE FRANÇAIS ET ÉTRANGERS RENFERMENT D'INTÉRESSANT SOUS LE RAPPORT PRATIQUE.

RÉDIGÉ PAR CARRON DU VILLARDS,
Docteur en médecine et en chirurgie, membre de plusieurs sociétés savantes nationales et étrangères.

Cet ouvrage est divisé en trois parties :

1° Clinique interne ou médicale ; 2° clinique externe ou chirurgicale ; 3° thérapeutique générale et pharmacologie.

Chaque année forme 1 fort vol. in-8°. — Prix : 8 fr.

On publie un volume au commencement de chaque année : il contient les faits pratiques observés dans le cours de l'année précédente.

La première année a été publiée en 1833,—la quatrième, 1836, est sous presse.

On demandait depuis long-temps, en médecine, un recueil qui pût tenir lieu de tous les journaux : le *Répertoire de Clinique* est conçu et rédigé dans ce but. C'est le seul ouvrage qui donne l'extrait ou l'analyse de tout ce que les journaux français et étrangers offrent de nouveau ou d'utile, et qui, résumant ainsi chaque année les progrès des trois branches de l'art de guérir, peut être consulté avec fruit par le praticien jaloux de se tenir au courant de la science.

TRAITÉ COMPLET D'ANATOMIE

DESCRIPTIVE ET RAISONNÉE,

Par le docteur BROC, professeur d'anatomie, etc.

3 vol. in-8° d'environ 800 pages chacun. Prix des 3 vol., 27 fr.

Chaque volume séparé, 9 fr. — Atlas de planches in-4° avec explication : 6 fr.

Le 1er volume renferme l'examen de l'homme considéré en grand, sous le rapport des appareils et des fonctions.

Le 2e volume est consacré à l'exposition en grand des organes, ainsi qu'aux considérations générales relatives aux divers tissus.

Le 3e volume comprend la description des organes, considérés jusque dans leurs derniers détails.

La *première partie* contient une anatomie que chacun peut lire avec fruit, mais qui est spécialement destinée à celui qui se livre à l'étude de la médecine ; c'est une sorte d'introduction qui enseigne à l'élève à passer graduellement et sans effort du plus grand au plus petit, du facile au difficile.

La *seconde partie* est consacrée à l'examen des dispositions essentielles, de celles qui servent de base à l'art de guérir, et qu'on ne doit pas ignorer lorsqu'on se livre à la pratique de cet art. Le médecin y trouvera étroitement groupé tout ce qu'il lui importe de connaître. Considérée par rapport à l'élève, elle facilitera ses premières études, en réduisant à leurs caractères fondamentaux les dispositions si compliquées de l'organisation ; et il sera ramené à ces mêmes caractères lorsque, plus instruit, il sentira la nécessité de donner de la liaison, de l'ensemble, aux connaissances qu'il aura acquises.

Enfin, la *troisième partie* a pour objet de faire acquérir aux connaissances le plus haut degré de perfection. Elle renferme une anatomie que doit spécialement connaître le chirurgien, et c'est celle dont l'élève doit s'occuper avec le plus grand soin ; à cette époque où il connaît assez les grandes dispositions des organes pour pouvoir placer sur ces bases immuables tout ce que les détails offrent de plus délié.

CLINIQUE MÉDICALE de l'hôpital Necker, ou recherches et observations sur la nature, le traitement et les causes physiques des maladies; précédées de considérations sur l'art d'observer et de faire des observations en médecine; par BRICHETEAU, médecin de cet hôpital, 1 vol. in-8°. Prix : 6 fr.

MANUEL PRATIQUE D'ORTHOPÉDIE, ou traité élémentaire sur les moyens de prévenir et de guérir toutes les difformités du corps humain, par E. MELLET, docteur en chirurgie de la Faculté de Paris, directeur d'un établissement orthopédique. 1 vol grand-in-18 avec 28 figures. Prix : 6 fr. 50 c.

ORTHOPÉDIE. Clinique sur les difformités dans l'espèce humaine; par le docteur MAISONABE, accompagnée de mémoires et dissertations sur le même sujet, par plusieurs médecins français et étrangers, 2 vol. in-8° avec 50 pl. Prix : 14 fr.

TRAITÉ COMPLET DE PHARMACIE théorique et pratique, par J.-J. VIREY, 4e édition, augmentée de toutes les découvertes les plus modernes, 2 forts vol. in-8°, avec planches. Prix : 16 fr.

DE L'ANATOMIE PATHOLOGIQUE, considérée dans ses vrais rapports avec la science des maladies, par RIBES, professeur à la Faculté de Médecine de Montpellier, 2 vol. in-8°. Prix : 15 francs.—Le tome 2e séparément, 6 fr.

RECHERCHES SUR LA GÉNÉRATION des Mammifères, par COSTE, suivies de recherches sur la formation des Embryons, par DELPECH et COSTE, *Mémoire qui a obtenu une médaille d'or à l'Institut de France*, 1 vol. in-4°, avec un grand nombre de figures, cart. Prix : 20 fr.

LE MÉDECIN DES FEMMES, MANUEL PRATIQUE, contenant la description des maladies propres aux femmes, avec le traitement qui leur est applicable, par le docteur d'HUC, 1 vol. grand in-18 de près de 500 pages. Prix : 5 fr.

LE MÉDECIN DES ENFANS, GUIDE PRATIQUE, contenant la description des maladies de l'enfance, depuis la naissance jusqu'à la puberté, avec le traitement qui leur est applicable, suivi d'un formulaire pratique, par le docteur d'HUC, 1 vol. grand in-18 de plus de 500 pages, cart. Prix : 5 fr. 5o c.

ESSAI HISTORIQUE SUR DUPUYTREN, par VIDAL (DE CASSIS), professeur agrégé à la Faculté de Médecine de Paris, chirurgien du bureau central des hôpitaux, etc., suivi des discours prononcés par MM. Orfila, Larrey, Bouillaud, H. Royer-Collard, Teissier; du procès-verbal de l'ouverture du corps de Dupuytren, et orné de son portrait, in-8°. Prix 1 fr. 75 c.

RECHERCHES PRATIQUES SUR LES CAUSES QUI FONT ÉCHOUER L'OPÉRATION DE LA CATARACTE, selon les divers procédés, par CARRON DU VILLARDS, docteur en médecine et en chirurgie, élève de l'École ophtalmologique de Pavie, 1 vol. in-8° avec planches. Prix : 7 fr.

DES EFFETS DE LA DÉRIVATION, avec de nouvelles observations sur la cataracte par GONDRET, doct. en médec. 5me édition in-8° Prix : 2 fr. 50 c.

ESSAI PHYSIOLOGIQUE SUR L'IRIS, la rétine et les nerfs de l'œil, par le docteur LUSARDI, in-8°, br. Prix : 2 fr.

TRAITÉ COMPLET DE L'ART DU DENTISTE, d'après l'état actuel de nos connaissances, par F. MAURY, dentiste de l'école royale polytechnique, nouvelle édit., 2 vol. in-8°, dont 1 de planches. Prix : 16 fr.

RECHERCHES SUR L'ENCÉPHALE, sa structure, ses fonctions et ses maladies, par M. PARCHAPPE, médecin en chef de l'asile des aliénés de la Seine-Inférieure, professeur à l'Ecole de Médecine de Rouen. *Premier mémoire* : DU VOLUME DE LA TÊTE ET DE L'ENCÉPHALE CHEZ L'HOMME. 1 vol. in-8°, avec 12 tableaux. Prix : 3 fr. 50 cent.

LES FACULTÉS MORALES considérées sous le point de vue médical ; de leur influence sur les maladies nerveuses, les affections organiques, etc., par JOSEPH MOREAU, docteur-médecin. 1 vol. in-8°. Prix, 3 fr.

NOTICE HISTORIQUE SUR LES EAUX MINÉRALES D'URIAGE, près de Grenoble, département de l'Isère, par A. CHEVALLIER, chimiste, membre de l'Académie royale de Médecine ; in-8°. Prix, 75 c.

RECHERCHES MÉDICO-LÉGALES SUR L'INCERTITUDE DES SIGNES DE LA MORT, les dangers des inhumations précipitées, les moyens de constater les décès, et de rappeler à la vie ceux qui sont en état de mort apparente, par JULIA DE FONTENELLE, 1 vol. in-8°. Prix : 5 fr.

HISTOIRE ET DESCRIPTION DES CHAMPIGNONS alimentaires et vénéneux, qui croissent sur le sol de la France ; contenant : la description des caractères particuliers à chacune de ces plantes ; des généralités sur leur emploi dans les arts ; sur la préparation culinaire des espèces alimentaires ; sur les moyens de distinguer ces espèces des espèces vénéneuses ; sur les moyens de remédier aux accidents que produisent ces dernières, etc., par F. S. CORDIER, docteur en médecine ; nouvelle édition. 1 vol. in-18, avec 11 planch. color. Prix, 4 fr. 50 c.

GUIDE POUR LES RECHERCHES ET OBSERVATIONS MICROSCOPIQUES, contenant la description du microscope, la manière d'obtenir et de préparer les animalcules et les objets divers, enfin les meilleurs documens propres à appliquer avec succès ce précieux instrument à l'étude des sciences et des arts, etc., traduit sur la 7e édition anglaise de GOULD, avec figures et additions par JULIA de FONTENELLE, professeur de chimie, etc., in-8°, avec planches. 1 fr. 75 c.

MANUEL COMPLET DE PHYSIQUE ET DE MÉTÉOROLOGIE, par AJASSON de GRANDSAGNE et FOUCHÉ. Seconde édition, revue et augmentée, ornée de six planches, représentant plus de 300 fig. 1 fort vol. grand in-18. Prix : 6 fr.

LEÇONS D'ASTRONOMIE, professées à l'Observatoire royal, par M. ARAGO, membre de l'Institut, nouvelle édition augmentée de ses dernières leçons, avec des développements et des vues nouvelles sur les comètes, les aérolithes, etc. 1 vol. in-18, avec planches. Prix, br. 2 fr. 50 c. — cart. 2 fr. 75 c.

ÉDUCATION PHYSIQUE DES JEUNES FILLES, ou hygiène de la femme avant le mariage, par BUREAUD-RIOFFREY, doct. en méd. 1 vol. in-8°. Prix : 6 fr.

RECHERCHES SUR LE TRAITEMENT DU CANCER, et sur l'histoire générale de cette maladie, par le professeur RÉCAMIER, médecin de l'Hotel-Dieu de Paris. 2 vol. in-8° avec planches. Prix : 12 fr.

MANUEL DE MÉDECINE PRATIQUE, d'après les principes de la doctrine physiologique ; suivi de tableaux synoptiques des empoisonnements, par J. COSTER, docteur en médecine. 1 vol. in-18. Prix, 6 fr.

COURS DE CHIMIE GÉNÉRALE, par LAUGIER, professeur de chimie à l'école de pharmacie de Paris, et au Jardin des Plantes, 5 vol. in-8°, et atlas. 18 fr.

COURS DE CHIMIE, professé à la Faculté des sciences, comprenant l'histoire des sels, la chimie végétale et animale, par GAY-LUSSAC, membre de l'Institut, 2 vol. in-8°. Prix : 15 fr.

L'ART DE FORMULER, ou tableaux synoptiques des doses des médicaments et des formes pharmaceutiques sous lesquelles ils doivent être administrés, par DEVAL et GAUTHERIN, DD. MM., 1 vol. in-18 avec tableaux. Prix : 5 fr.

TRAITÉ DE MÉDECINE PRATIQUE basée sur l'expérience et sur l'observation, par BATIGNE, docteur et professeur agrégé à la Faculté de médecine de Montpellier, etc. Deuxième édition. 2 vol. in-8°. Prix : 12 fr.

PHYSIOLOGIE DE L'HOMME ALIÉNÉ, appliquée à l'analyse de l'homme social, par S. PINEL, médecin des aliénés de la Salpêtrière, in-8°. Prix : 6 fr.

TRAITÉ SUR LES FIÈVRES RÉMITTENTES ET INTERMITTENTES, leurs symptômes et leur traitement, par P-F. NEPPLE, D. M. P., membre de l'Académie royale de médecine, etc., 1 vol. in-8°. Prix : 4 fr.

DE MEDICINA libri octo, Auctore Celsi. Belle édit. 1 vol. in-8° Prix : 5 fr. 50 c.

NOVA MEDICINÆ ELEMENTA ad nosographiæ philosophicæ normam exarata, Auctore CAPURON, D. M., 2me édition, 1 vol. in-8° Prix : 8 fr.

GÉNÉRATION DE L'HOMME, ou de la production des sexes, de la fécondité, de la stérilité et de la durée des gestations, par DEMANGEON. 1 v. in-8°. 5 fr.

DU POUVOIR DE L'IMAGINATION sur le physique et le moral de l'homme, par le docteur DEMANGEON. Nouvelle édition. 1 vol. in-8°. Prix : 7 fr.

PRÉCIS DESCRIPTIF SUR LES INSTRUMENTS DE CHIRURGIE anciens et modernes, par HENRY, coutelier de la chambre des Pairs; nouvelle édition augmentée du modèle et de la description de la scie à molette et du trépan de MM. THOMPSON et CHARRIÈRE, et d'une notice sur les instruments de chirurgie modifiés ou confectionnés par CHARRIÈRE; présentée à l'exposition de l'industrie. 1 vol. in-8° avec 19 planch., cart. Prix, 7 fr.

MÉMOIRE SUR L'HYPONARTHÉCIE, ou sur le traitement des fractures par la planchette, avec une nouvelle manière de la suspendre et d'y assujettir les membres, et la description d'un appareil particulier, par M. MAYOR, docteur en médecine, 1 vol. in-8° avec planches. Prix : 2 fr. 50 c.

PHILOSOPHIE THÉRAPEUTIQUE MÉDICO-CHIRURGICALE, ou la Physiologie, la Pathologie, l'Anatomie pathologique et la Thérapeutique, éclairées par les lois de l'anatomie transcendante; par PATRIX, docteur médecin, professeur de thérapeutique et de matière médicale. 1 v. in 8° avec planch. Prix : 5 fr.

RECHERCHES PRATIQUES sur les tumeurs sanguines de la vulve et du vagin, par DENEUX, membre de l'Acad. royale de méd., etc., in-8°. Prix : 5 fr. 50 c.

MÉMOIRE SUR LES BOUTS DE SEINS, ou mamelons artificiels et les biberons, par DENEUX, membre de l'Acad. roy. de médec., in-8°. Prix : 2 fr.

L'ART D'ÉLEVER LES ENFANS; considérations sur l'éducation physique et morale, par Froissent. 1 vol. in-8°. Prix : 5 fr.

EXPÉRIENCES PHYSIOLOGIQUES SUR LES ANIMAUX, tendant à faire connaître le temps durant lequel ils peuvent être, sans danger, privés de la respiration, soit à l'époque de l'accouchement lorsqu'ils n'ont point encore respiré, soit à différents âges après leur naissance, par C. Legallois, médecin en chef de l'hospice de la prison de Bicêtre, etc. 1 vol. in-4°. Prix : 5 fr.

RECHERCHES CHIMIQUES et médicales sur la créosote, sa préparation, ses propriétés, son emploi, par Miguet, doct.-méd., 1 vol. in-8°. Prix 2 fr. 50 c.

DE L'HOMÉOPATHIE, ses avantages et ses dangers, par le docteur Duringe, 1 vol. in-8°. Prix : 4 fr. 50 c.

BOTANIQUE, ou notions élémentaires et pratiques sur l'histoire naturelle des plantes, par CH. Le Blond, docteur-médecin, et V. Rendu, ouvrage adopté par le conseil royal de l'instruction publique, 1 vol. in-8°. Prix : 2 fr. 50 c.

HISTOIRE NATURELLE DES MAMMIFÈRES, comprenant quelques vues préliminaires de philosophie naturelle, etc., cours professé par E. Geoffroy St-Hilaire, membre de l'Institut, 1 fort vol. in-8° avec pl. Prix : 8 fr.

MALADIES DU FOIE (monographie complète sur les), par A. Bonnet, D. M., membre de plusieurs sociétés savantes, etc. 1 vol. in-8°. Prix, 5 fr. 50 c.

NOUVEAU TRAITÉ D'HYGIÈNE DE LA JEUNESSE, suivi de considérations sur les moyens propres à prévenir les maladies les plus fréquentes au jeune âge, par Simon (de Metz). 1 vol. in-8°. Prix, 5 fr. 50 c.

MONOGRAPHIE DE LA GOUTTE, et examen critique de ses diverses méthodes de traitement, par Duringe. Nouv. édit. 1 vol. in-8°. Prix : 4 fr. 50 c.

MONOGRAPHIE NOUVELLE DES AFFECTIONS RHUMATISMALES, récentes, invétérées, externes et internes, par le docteur Duringe. Nouvelle édition. 1 vol. in-8°. Prix : 5 fr. 50 c.

DÉFORMATION DU CRANE, résultant de la méthode la plus générale de couvrir la tête des enfans (influence des vêtements sur nos organes), par Foville, médecin en chef de l'Asile des aliénés. 1 vol in-8°, avec 25 fig. Prix : 5 fr.

NOUVELLE DOCTRINE PHYSIOLOGIQUE ET MÉDICALE, ou le vitalisme expliqué, par Surun, docteur en médecine. 2e édition. 1 vol. in-8°. Prix : 6 fr.

ESSAI TOPOGRAPHIQUE ET MÉDICAL sur la régence d'Alger, par Foucqueron, chirurgien aide-major à l'armée d'Afrique. in-8°. Prix, 5 fr.

RECHERCHES SUR L'HYDROCÉPHALE AIGUE, sur une variété particulière de pneumonie et sur la dégénérescence tuberculeuse, par Berton, docteur en médecine, etc. 1 vol. in-8°. Prix, 4 fr.

GUIDE MÉDICAL DES ANTILLES ET DU BRÉSIL, ou études sur les maladies des Colonies en général, et sur celles qui sont propres à la race noire, par Levacher, docteur en médecine, etc. 1 vol. in-8°. Prix, 4 fr. 50 c.

DIFFORMITÉS DE LA COLONNE VERTÉBRALE, moyens de les prévenir et de les corriger sans le secours des lits mécaniques à extension, par Lachaise, docteur en médecine, membre de la société médicale d'émulation, etc. 1 vol. in-8°, avec 6 planches. Prix, 3 fr. 50 c.

DICTIONNAIRE DE CHIMIE générale et médicale, par PELLETAN, professeur à la Faculté de médecine de Paris. 2 vol. in-8° avec planches. Prix, 15 fr.

L'ENTOMOLOGIE, ou l'histoire naturelle des insectes, enseignée en 15 leçons; ouvrage contenant les principes élémentaires de cette science, l'histoire des mœurs et des métamorphoses des insectes, la méthode de classification de Geoffroy, et une méthode analytique à l'aide de laquelle on peut seul, et en quelques minutes, connaître le nom générique de tous les insectes connus; orné de 75 figures. 1 vol. in-12, avec planches, br. Prix : 6 fr.

ESSAI MÉDICO-LÉGAL sur les diverses espèces de folies vraie, simulée et raisonnée, sur leurs causes et les moyens de les distinguer; sur leurs effets excusants et atténuants devant les tribunaux, par FODÉRÉ. 1 vol. in-8°. Prix, 5 fr.

ESSAI THÉORIQUE ET PRATIQUE DE PNEUMATOLOGIE HUMAINE, ou recherches sur la nature, les causes et le traitement des flatuosités et de diverses vésanies, etc., par le professeur FODÉRÉ. 1 vol. in-8°. Prix : 4 fr.

TRAITÉ DE MÉDECINE LÉGALE et d'hygiène publique, par le professeur FODÉRÉ. Deuxième édition. 6 vol. in-8°. Prix : 36 fr.

DU CHOLÉRA-MORBUS DE POLOGNE, ou recherches anatomico-pathologiques, thérapeutiques et hygiéniques sur cette épidémie, par le docteur FOY, l'un des médecins envoyés en Pologne, pharmacien des hôpitaux de Paris. 1 vol. in-8°, avec planch. color. Prix, 3 fr. 50 c.

HISTOIRE MÉDICALE DU CHOLÉRA-MORBUS DE PARIS et des moyens thérapeutiques et hygiéniques sur cette épidémie, appuyés sur des observations recueillies à Paris, en Pologne, et en Angleterre, par le docteur FOY. 1 vol. in-8°, avec planch. color. Prix, 3 fr. 50 c.

MÉDECINE PRATIQUE et aphorismes sur la connaissance et la curation des fièvres, par STOLL. Nouvelle édition, traduit par MAHON. 3 vol. in-8°. 13 fr.

MÉMOIRE SUR LES FLUXIONS de poitrine, par VALENTIN, in-8, br. 2 fr.

RECHERCHES PHYSIOLOGIQUES sur la vie et la mort, par BICHAT. Troisième édition. 1 vol. in-8°. Prix : 2 fr. 50 c.

TRAITÉ ÉLÉMENTAIRE D'ORNITHOLOGIE, suivi de l'art d'empailler les oiseaux, par MOUTON-FONTENILLE. 3 vol. in-8°, avec planches. Prix : 8 fr. — Séparément, l'ART D'EMPAILLER LES OISEAUX. 1 vol. in-8° avec pl. 2 fr. 50 c.

Journal de la Société
DES SCIENCES PHYSIQUES, CHIMIQUES,
ET ARTS AGRICOLES ET INDUSTRIELS DE FRANCE,

SOUS LA DIRECTION DE **M. JULIA DE FONTENELLE.**

4e année 1836. — Prix, *franco*, pour la France, 10 fr.; pour l'étranger, 12 fr.
Il paraît un numéro chaque mois.
Les trois années publiées, 1833, 1834 et 1835, prises ensemble à Paris, 24 fr.

Imprimerie de DUCESSOIS, quai des Augustins, 55.

www.ingramcontent.com/pod-product-compliance
Ingram Content Group UK Ltd.
Pitfield, Milton Keynes, MK11 3LW, UK
UKHW020330220726
13923UKWH00003B/1485

9 782019 259457